"现代力学丛书"编委会

主　编：郑哲敏

副主编：白以龙

编　委：(按汉语拼音排序)

白以龙　樊　菁　洪友士

胡文瑞　李家春　王自强

吴承康　俞鸿儒　郑哲敏

国家科学技术学术著作出版基金资助出版

现代力学丛书

管道式油气水分离技术

吴应湘　许晶禹　著

科学出版社

北　京

内 容 简 介

油田的油气水分离是一个非常复杂的过程,且气相和液相产品还与操作的压力、温度条件、各相含率、油品条件等密切相关,这也在一定意义上增加了油水分离工艺的难度。油水混合液的分离是油气水分离的重点和难点,本书以工程项目为依托,将研究团队多年的研究工作加以系统整理,共分为七章:第1章和第2章介绍了管道式分离技术应用的基本原理;第3章至第6章分别对不同的管道式分离技术的原理、理论基础、研究过程和成果进行总结,包括:螺旋管道多相分离器、T型管多分岔管路多相分离器、柱型旋流多相分离器和导流片型管道式多相分离器;第7章简要介绍了新型管道式分离技术的现场应用情况,为管道式分离技术的进一步优化和应用推广提供可靠的数据基础。

本书内容丰富,结构清晰,叙述深入浅出,便于自学,可供力学、石油工程、化工等相关专业的高等院校学生与相关工程技术人员参考使用。

图书在版编目(CIP)数据

管道式油气水分离技术/吴应湘,许晶禹著. —北京:科学出版社,2017.3
(现代力学丛书)
ISBN 978-7-03-051971-9

Ⅰ.①管… Ⅱ.①吴… ②许… Ⅲ.①油田水–分离 Ⅳ.①TE311

中国版本图书馆 CIP 数据核字(2017)第 042779 号

责任编辑:刘信力 / 责任校对:彭 涛
责任印制:肖 兴 / 封面设计:陈 敬

科学出版社 出版
北京东黄城根北街 16 号
邮政编码:100717
http://www.sciencep.com

北京通州皇家印刷厂 印刷
科学出版社发行 各地新华书店经销
*
2017 年 3 月第 一 版　开本:720×1000 1/16
2017 年 3 月第一次印刷　印张:14 3/4
字数:275 000
定价:128.00 元
(如有印装质量问题,我社负责调换)

丛 书 序

"现代力学丛书"是由中国科学院力学研究所编著的一套丛书，由科学出版社出版。本丛书作者为中国科学院力学研究所科研人员、客座研究人员和其他相关人员。出版本丛书的目的是总结和提高我们近年来的科学研究成果，并促进相关学科领域的开拓。中国科学院力学研究所自成立以来，既从事基础研究，也以基础研究为手段，参与和承担了国家和部门委托的许多任务，取得了一系列重要的成果。我们认为，将这些成果分类整理、系统化，并加以提高，在此基础上出版专著，是一件很有价值的事，既有利于中国科学院力学研究所科研工作的进一步提高，也有利于为广大读者获取新的知识，共同促进力学学科的繁荣发展。

本丛书可供相关专业的科研人员和研究生参考。

郑哲敏

二〇〇九年二月于北京

序（一）

  管道式油气水分离是未来油气田开发中油气水分离技术的发展趋势，它不但能有效地节省产液处理设备的占地空间，极大地节省油田开发投资，提高生产效率，而且可突破海上采油平台和采油井井底的空间限制及深海海底的水压限制，解决井底和深海水下油水分离的难题。该技术的发展涉及力学、化学、自动控制等多学科领域，融合了油气水多相流、化学破乳与聚并、界面测试与控制等诸多科学与技术问题。中国科学院力学研究所吴应湘研究员的研究团队在该领域进行了系统、深入的研究，经过二十余年的发展在该领域取得了很好的成果，部分技术已经在油田应用。

  经过半个多世纪的发展，管道内油气水多相流动的理论研究已经取得了若干进展，发表的学术论文也很多，但是相关技术的工业现场应用仍不乐观。据我所知，国内外尚未有管道式油气水分离技术方面的学术专著出版，这对于油气水分离领域的科研工作者应该是一大缺憾。吴应湘研究员等以工程项目为依托，将其多年的研究工作加以系统整理，梳理出该领域重要而亟待解决的科学问题等，以专著《管道式油气水分离技术》出版，有望产生重要的学术影响及工业价值。同时，对于很多现场工程师而言，该专著也将有很好的参考作用。

郑哲敏

中国科学院院士 中国工程院院士

序（二）

  管道式分离技术是近年来多相流学科与化工等交叉、融合形成的一个重要研究领域，有着广泛的应用前景。经过二十余年的发展，关于多相流动领域的研究已经取得了若干进展，发表的论文也很多，并且相关技术已经应用于工业现场。吴应湘研究员等将其多年的研究工作加以系统整理，并吸收国内外同行的相关优秀成果，梳理出该领域重要而亟待解决的科学问题，以专著《管道式油气水分离技术》出版，有望产生重要的学术影响及工业价值。对于很多研究者而言，该专著将有很好的参考价值。

曾恒一
中国工程院院士

目 录

丛书序
序（一）
序（二）
符号说明
第1章 概论 ·· 1
  1.1 油气水分离的作用 ·· 1
  1.2 油水分离的基本方法 ··· 2
  1.3 油水分离器的研究进展（基本类型） ··· 3
  1.4 油田油气水分离器的新需求 ··· 12
      1.4.1 深水平台多相分离 ··· 13
      1.4.2 深海海底多相分离 ··· 13
      1.4.3 采油井井下油水分离 ·· 17
  参考文献 ·· 20
第2章 油气水分离的基本理论 ·· 22
  2.1 重力分离 ·· 25
  2.2 离心分离 ·· 27
      2.2.1 受迫涡与自由涡 ··· 29
      2.2.2 流体中旋涡运动的产生、扩散与衰减 ····························· 31
  参考文献 ·· 34
第3章 螺旋管道多相分离器 ··· 35
  3.1 螺旋管中多相分离机理 ·· 35
  3.2 螺旋管多相分离实验 ··· 38
      3.2.1 带孔螺旋管的实验方法 ·· 38
      3.2.2 实验用油的物性参数 ·· 39
  3.3 螺旋管分离效率比较及分析 ··· 41
      3.3.1 用第一孔含水率衡量分离效率的分析 ···························· 41
      3.3.2 第一孔含水率降低的分析 ·· 43
      3.3.3 整体螺旋管分离器的分离效率分析 ······························· 44
  3.4 螺旋管多相分离数值计算 ··· 45
      3.4.1 基本方程 ··· 45

3.4.2　螺旋管多相分离数值计算结果 ·· 51

参考文献 ··· 54

第 4 章　T 型分岔管路多相分离器 ··· 55
4.1　T 型分岔管路多相流动的研究现状 ·· 55
　　4.1.1　两相流型 ·· 55
　　4.1.2　分支管路/主管路管径比 ·· 55
　　4.1.3　T 型分岔管路的管径 ·· 56
　　4.1.4　系统压力 ·· 56
4.2　T 型分岔管路多相分离机理 ··· 57
4.3　分岔管路多相分离数值模拟 ··· 57
4.4　分岔管路多相分离实验研究 ··· 63
　　4.4.1　实验平台 ·· 63
　　4.4.2　实验结果分析 ··· 67

参考文献 ··· 72

第 5 章　柱型旋流多相分离器 ·· 74
5.1　概述 ·· 74
　　5.1.1　理论模型研究进展 ·· 74
　　5.1.2　流场研究进展 ··· 76
　　5.1.3　数值模拟方法在旋流分离器中应用的研究进展 ······················· 78
　　5.1.4　旋流器的结构 ··· 80
5.2　柱形旋流分离器理论分析 ·· 81
　　5.2.1　旋流器中分散相液滴受力分析 ··· 81
　　5.2.2　旋流器中液滴破碎机理分析 ·· 87
5.3　柱形旋流分离器理论分析 ·· 92
　　5.3.1　实验装置系统 ··· 92
　　5.3.2　实验结果及分析 ·· 96
　　5.3.3　油水分离效率的预测 ··· 106
5.4　旋流器内油水分离的数值模拟 ··· 111
　　5.4.1　数学模型 ·· 111
　　5.4.2　几何模型 ·· 114
　　5.4.3　模型验证 ·· 115
　　5.4.4　结果分析 ·· 116
　　5.4.5　小结 ·· 131

参考文献 ··· 132

第 6 章　导流片型管道式多相分离器 …… 138
6.1　管道式导流片型分离器流场实验与分析 …… 140
6.1.1　管道式导流片型分离器流场 …… 140
6.1.2　油水分离可行性分析 …… 150
6.1.3　管道式导流片型分离器油水分离的工作原理 …… 150
6.1.4　油滴在管道式导流片型分离器中的运动分析 …… 151
6.1.5　油滴在旋流场中的破碎及分布规律 …… 154
6.1.6　管道式导流片型分离器油水分离模型 …… 156
6.2　管道式导流片型分离器油水分离性能室内实验研究 …… 160
6.2.1　实验装置 …… 161
6.2.2　导流片型管道多相分离器实验分析 …… 162
6.2.3　双级管道式导流片型油水分离器分离性能实验 …… 173
6.3　管道式导流片型分离器内油水两相流动的数值计算研究 …… 175
6.3.1　管道式导流片型分离器流场特性 …… 175
6.3.2　设计参数优化分析 …… 178
6.3.3　导流片形状对 VTPS 油水分离性能的影响 …… 179
6.3.4　长径比对 VTPS 油水分离性能的影响 …… 180
6.3.5　除水筒对 VTPS 油水分离性能的影响 …… 181
6.3.6　除水孔开设方式对 VTPS 油水分离性能的影响 …… 182
6.3.7　除水口开设方式对 VTPS 油水分离性能的影响 …… 184
6.3.8　油相密度对 VTPS 油水分离性能的影响 …… 186
6.3.9　油相粒度对 VTPS 油水分离性能的影响 …… 187
6.3.10　入口流量对 VTPS 油水分离性能的影响 …… 189
参考文献 …… 190
第 7 章　管道式分离技术现场中试及应用 …… 192
7.1　陆丰 13-1 平台现场中试 …… 192
7.1.1　分离系统设计 …… 194
7.1.2　平台现场试验 …… 194
7.2　渤西终端管道式油气水三相分离器工业设计及应用 …… 196
7.2.1　总体设计方案 …… 196
7.2.2　现场试验 …… 197
7.2.3　现场试验结果 …… 199
7.3　流花 11-1 油田管道式动态气浮选系统 …… 200
7.3.1　试验方案设计 …… 200

7.3.2 实验结果 ·· 201
7.4 绥中 36-1 油气处理厂含聚污水处理系统 ·· 204
　　7.4.1 试验方案设计 ·· 204
　　7.4.2 现场试验 ··· 206
　　7.4.3 实验结果 ··· 208
7.5 辽河油田冷 13 站低温脱水系统 ·· 211
　　7.5.1 试验目的及指标要求 ·· 211
　　7.5.2 主要设备及功能 ·· 211
　　7.5.3 试验步骤 ··· 214
　　7.5.4 试验效果 ··· 215
参考文献 ·· 215
索引 ·· 216

符 号 说 明

u		速度，m/s
ρ		密度，kg/m³
μ		动力黏度，Pa·s
R		半径，m
D		管道直径，m；扩散系数
L		管道长度，m
d		油滴粒径，m
$\boldsymbol{g}$		重力加速度，m/s²
T		温度，℃
β		体积相含率
q		下标，第 q 相
α		截面相含率
τ		剪应力，Pa；松弛时间，s
p		压强，Pa；概率函数
f		摩擦因子
C_D		阻力系数
Re		雷诺数，$Re = \rho u D / \mu$
F_{bi}		流量配比，分流比
η		分离效率
ε		湍流能量耗散率
k		湍流动能
$\boldsymbol{F}$		作用力，N
$\boldsymbol{t}$		下标，切向速度；时间，s
$\boldsymbol{r}$		径向方向坐标
A		截面面积，m²
ω		旋转角速度，rad/s
o		下标，油相
w		下标，水相
E		能量，J
We		Weber 数，$We = \rho u^2 d / \sigma$

σ	表面张力，N/m
V	体积，m³
Δp	压降，Pa
max	下标，最大值
min	下标，最小值
Q	流量，m³/h
Eu	Euler 数，$Eu = \Delta p/(\rho u^2)$
Δ	表面粗糙度，m
m	下标，混合相
θ	下标，切向
R	相关系数
v	流动速度，m/s
m	质量，kg
$\boldsymbol{a}$	加速度，m/s²
λ	黏度比，$\lambda = \mu_d/\mu_c$
e	单位质量能耗速度，J/s
s	周长，m
n	导流片的数量
P_r	压降比，$P_r = \Delta P_1/\Delta P_2$
k	玻尔兹曼常量
c	摩尔浓度
J	通量
$\boldsymbol{G}$	分子运动时间尺度快速变化的力
$\boldsymbol{x}$	位移，m
R	气体常数，8.314J/(K·mol)
N	阿伏伽德罗常量，6.023×10²³
V_d^+	累积体积份额
ξ	无量纲曳力系数
$\boldsymbol{\omega}$	涡量
$\boldsymbol{u}$	速度矢量
$\boldsymbol{F}_b$	体积力
Π	势函数
0	下标，初始值
∞	下标，无穷远处

第1章 概 论

1.1 油气水分离的作用

从油井产出的采出液通常都是原油、天然气（或油田伴生气）、水以及其他杂质组成的混合液，而原油和天然气又都是碳氢化合物的混合物。原油是由相对分子质量较大的烃组分组成，在常温常压下呈液态；天然气是由相对分子质量较小的烃组分组成，在常温常压下呈气态。在油藏的高温、高压条件下，天然气溶解在原油中，以纯液态形式存在。当油气混合物从井下沿井筒向上流动到达井口，继而沿集输管线流动时，随着压力的降低，溶解在液相中的轻组分不断析出，并随其组成以及当地的压力温度条件，形成一定比例的油气共存混合物。同时，按照石油生成的有机成因理论：石油是由水中的微生物死去后沉积于水域的底部，进而被沉积的泥砂所掩埋，并且在地下高温、高压和缺氧条件下分解而生成的。这样，生油地层一般是古代湖泊或海洋区域的沉积岩，岩石的孔隙被水充满，储集了石油后，油的周围仍为广大的含水区，石油和外围含水区构成一个范围很大的水动力学系统。正是这种水动力学系统为油田的开发提供了主要的驱动力，这也使采液中含有大量水分成为必然（当然，若按无机生成理论，油周围的含水区域不是必要的，但目前为止，无机成因油藏仍属凤毛麟角）。另外，若属砂岩地质，石油开采的渗流过程中可能会携带出一定量的泥沙（砂）。这样，要得到炼油厂使用的原油和用户使用的天然气，就必须对油井产出的油气水混合液进行处理，去除采出液中的含水和其他杂质。将油井产液处理到炼油厂使用的原油和用户使用的天然气的整个过程都与油气水分离有关，可见油气水分离是油田生产的最重要的工艺流程之一。在油田开采后期，由于地层压力下降，地层的原油运移性能变差，为了保证油井的正常生产和提高原油采收率，往往采用活性水驱油、碱水驱油、聚合物驱油、三元复合驱油、泡沫驱油等技术，这使产液中不仅含有更高的水分，而且含有一定的化学药剂。这些化学药剂会使产液的油水乳化变得更为严重、更加稳定，且表面活性剂、碱、聚合物溶液等驱替剂在地层中的冲刷、溶蚀、离子交换和裹挟等作用下，使得油藏中的细微颗粒、黏土等固体颗粒与原油和化学剂絮凝在一起，形成稳定的悬浮液。这就进一步增加了油气水分离的困难。

按照国家标准，合格原油中的含水率应不大于 1%，优质原油中的含水率应不大于 0.5%，合格天然气中 C_{5+} 组分含量应不大于 10mg/m^3、有机硫含量不大于 250mg/m^3。同时，在原油生产过程中，由于原油中存在很容易吸附到油水界面的有机酸、胶质、沥青、石蜡等天然界面活性物质,从而形成较强的界面膜和稳定的水包油 (O/W) 型乳状液 (通常称为乳化油,粒径在 0.1~10μm);且油藏中的细微沙砾、黏土等固体颗粒在水、表面活性剂、碱、聚合物溶液等驱替剂的冲刷、溶蚀、离子交换和裹挟等作用下,形成稳定的悬浮物;另外,直径小于 0.1μm 的油珠会溶解在水中,形成溶解油。这些乳化油、悬浮物、溶解油等将存在于原油脱出的水中形成含油污水。这些含油污水不能直接排放或回注,而必须进一步处理到可以排放或回注的标准。就污水中的含油量和悬浮物而言,油田污水的一级排放标准为:石油类 <5mg/L,悬浮物 <70mg/L;二级排放标准为:石油类 <10mg/L,悬浮物 <300mg/L;三级排放标准为:石油类 <20mg/L。油田回注水的质量标准为:在 0.1~0.6μm² 的注入层渗透率条件下,一级回注标准为:悬浮物 <3mg/L,悬浮物粒径中值 < 2μm,含油 <8mg/L;二级回注标准为:悬浮物 <4mg/L,悬浮物粒径中值 < 2.5μm,含油 <10mg/L;三级回注标准为:悬浮物 <5mg/L,悬浮物粒径中值 < 3μm,含油 <15mg/L。要使油田采液成为合格的原油、天然气和排放的回注水,就需采用各种各样的分离手段和工艺。图 1.1 给出从油田采液到合格原油、天然气、外排水的基本分离流程。

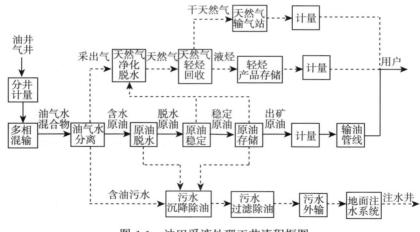

图 1.1 油田采液处理工艺流程框图

1.2 油水分离的基本方法

在油水混合物中,根据油滴粒径的大小不同可分为浮油、分散油、乳化油和溶解油四种形态[1]。当油滴粒径大于 100μm 时,油以连续相的形式存在,形成油块或油层,称为浮油;当油滴粒径为 10~100μm 时,以微小的油滴悬浮于水中,称为分散油;乳化油中油滴粒径极小,一般小于 10μm,多数情况下粒径为 0.1~2μm;而当油滴粒径小于 0.1μm，以分子形式呈均匀状态存在时则为溶解油。在油气水分离过程中，需要根据油相存在状态和其粒径大小，选择不同的处理方法或者几种方法的综合使用才能进行有效分离。根据分离原理的不同，油水分离方法可归纳为四大类：物理方法、化学方法、物理化学方法和生物化学方法。物理方法是利用各相密度、电导率等物理性质的差异而实施的分离方法，主要有重力沉降脱水、离心旋流脱水、高压静电脱水、高频脉冲脱水、微波辐射脱水、超声波脱水等。化学方法是将含水原油加热到一定温度，并在原油中加入适量的化学药剂 (破乳剂、聚并剂等)，破坏油水乳化液的稳定状态，实现油水混合液的脱水。物理化学方法是将物理脱水方法与化学脱水方法结合使用，达到油水分离的目的。生物化学方法是用微生物胞体组成的生物破乳剂破坏油水乳化液的稳定状态，实现油水混合液的脱水。

每种脱水方法都有各自的特点和适用条件。因此，选用原油脱水方法时要综合考虑原油性质、含水率、油水乳化性质和程度、乳状液分散度和稳定性等因素。

在油田的水处理过程中，根据要求处理的深度不同，将上述方法分为初级治理、二级治理和三级治理[2]。初级治理属于预处理，用来去除浮油和固体悬浮物，主要采用物理方法和物理化学方法，包括重力沉降法、离心法、粗粒化法、浮选法、过滤法、膜分离法、絮凝沉降法等。二级治理用来去除污水中含有的大量有机污染物，主要采用生物化学方法，包括活性污泥法、曝气法、生物过滤法、生物转盘法等。三级治理也叫深度处理，多采用化学法和物理法，包括离子交换、电渗析、超滤、反渗透、活性炭吸附、臭氧法等。经三级处理后，通常治理效果都比较好，出水可重复利用，但费用很高。

实际生产中由于油田不同甚至同一油田的区块不同，其采出液的成分和油相含率及油在水中的存在形式也都会不同，并且在原油集输过程中往往根据现场情况的要求需要投加破乳剂、降黏剂等多种化学药剂，这在一定程度上也加剧了油水分离的难度。随着全球范围内水资源短缺的加剧以及人们对环保的重视，在污水处理排放时提出了更高的要求。同时，单一分离方法均存在一定的局限性，混合液经处理后很难达到排放、回注或其他工艺的指标。因此，在油田现场应用时常采用多种分离方法联合使用，将油水处理设施组合成合适的分离工艺流程，以满足油中含水或水中含油规定的指标要求。

1.3 油水分离器的研究进展 (基本类型)

目前，油田上常用的油水分离设备主要包括以下几种。

1. 重力式分离器

重力式分离器主要利用多相分离介质之间存在的密度差异，所受到的重力不同而达到相分离的目的。当油水混合液在罐内静止或处于层流状态时，密度较轻的油滴将按斯托克斯公式的运动规律进行沉降运动（即上浮运动）。当把油滴颗粒看成圆球分散于混合液中，且不考虑颗粒间的作用时，根据斯托克斯公式可知油滴的沉降运动速度与其半径的平方以及油水的密度差成正比，与连续相水的黏度成反比。根据这一关系可得到污水除油的难易程度，即油滴半径越大、油水密度差异越大、连续相水的黏度越小，则油水分离过程越容易进行。经重力式分离器后，混合液中的浮油和粒径较大的分散油可得到较好的分离。油田上常见的重力式分离器主要包括了卧式（或立式）除油罐、斜板隔油池和粗粒化（聚结）除油罐等。

图 1.2 是典型的卧式三相分离器示意图，它的工作原理为：混合液体由入口管进入分离器罐体后，流体的流向、流速突然发生改变，使气液得以初级分离。在重力作用下液相流体流入分离器的集液室，气相则在集液室上部运动。在罐体内停留足够的时间后，气相中夹带的较大液滴在重力作用下直接下沉进入集液室，其他少量雾状液滴经除雾器聚并成较大液滴后流入集液室；同时，集液室内的混合液体中残留的少量气体上升至液面并进入气相，油水两相在重力作用下得到了分层，水相沉入分离器的底部并从排水口流出，油相经由液面控制器控制的油阀流出分离器，从而达到了三相分离的目的。由颗粒的沉降运动可知，分离效率与混合液体在罐内的停留时间密切相关，而停留时间又取决于罐体体积和液体的流动速度。故在油田上为了提高分离效率，卧式分离器的体积一般都较大。

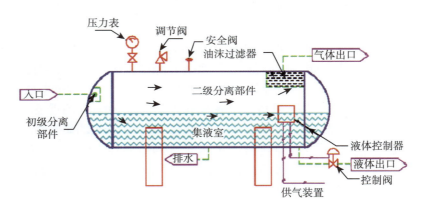

图 1.2　卧式三相分离器

1904 年 Hazen 根据实践经验提出了"浅池理论"，即在重力沉降过程中，分散相液滴的沉降效果是以颗粒的运动速度与池子面积为函数来衡量的，与池深、沉降时间无关，因此提高隔油池的处理能力有两个途径：扩大沉降面积、提高沉降速度[3]。在此基础上发展起来的隔油池有平板式隔油池和斜板式隔油池，而平板式隔油池具有截留的油滴粒径大、处理效率低、占地面积大等缺点。斜板式隔油池是

1.3 油水分离器的研究进展 (基本类型)

在 20 世纪 70 年代发展起来的,在隔油池内倾斜布置平行板组或波纹板组,除油效果得到了显著改善。常见的斜板式分离装置有多层平行板型分离器 (PPI)、倾斜波纹平行板型分离器 (CPI) 和多层倾斜双波纹峰谷对置型分离器 (MUS) 等。图 1.3 为波纹斜板式隔油池,其主要构件为多层波纹形板所构成的斜置波纹板组。含油污水在板与板间的平行流道中流动,在浮力作用下油滴上浮,在板下聚集并沿斜板移动,细小油滴可聚并成大油滴而加速分离。这种斜板式隔油池可将粒径为 60μm 的油滴分离出去,但由于隔油池的原理仍是基于密度差异,油的去除效率仅能达到 70%~80%。目前,发展起来的斜板式溶气浮选机结合了气浮分离方法,大大提高除油效率,能保证对非溶解油以及悬浮物的分离效率达 95% 以上。

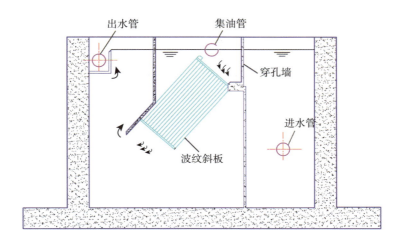

图 1.3 CPI 型波纹斜板式隔油池

2. 气浮式除油设备

气浮式除油设备是采用不同的装置向污水中溶入一定量的气体,产生大量微小气泡,利用吸附作用使气泡与污水中的细小油粒和悬浮物相结合而形成絮状物,在浮力作用下絮状物很快浮出水面,达到分离的目的。根据污水中微细气泡的制取方法不同,气浮法主要分为机械碎细气浮法、溶气气浮法和电解气浮法[4],气浮设备主要有叶轮浮选气浮机、喷射气浮罐机和溶气气浮装置等[5]。图 1.4 所示为一种卧式喷射式气浮机。气浮罐的部分出水经循环泵加压后 (0.8MPa) 送入射流器,与射流器吸入的气体形成气水混合物进入溶气罐,在溶气罐中气体被充分溶于水中 (溶气罐工作压力为 0.45MPa 左右),然后经释放器进入气浮罐,由于气水混合物流道突然扩张,压力减至常压,之前溶于水中的过饱和气体便以微小气泡形式释放,与污水中的细小油粒和悬浮物相结合而上浮到水面,形成油气泡沫进入收油槽。该气浮机的主要结构特点是溶气工艺由气浮罐外的溶气罐完成,溶气罐与射流器相连接。

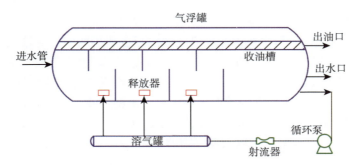

图 1.4　卧式喷射式气浮机结构及工艺流程示意图

图 1.5 为射流器结构示意图。来水经射流器收缩喷嘴以高速喷出，在喷嘴出口处形成真空后，空气从进气管被不断地吸入混合室，与水一起进入喉管，进行充分混合。在湍流状态下，空气被剪切成微小气泡，混合后的流体在扩散管内速度降低，压力升高，产生气液混合物的压缩过程，最后由出口排出，进入溶气罐。与其他气浮机相比，喷射式气浮机具有体积小、质量轻、操作管理简便等优点。

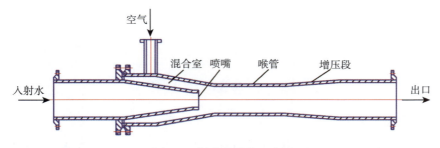

图 1.5　射流器结构示意图

3. 水力旋流器

水力旋流器基于离心分离技术，利用两相介质密度差异，在旋流场中产生不同的离心力而达到分离的目的。国际上利用水力旋流器进行油水分离兴起于 20 世纪 80 年代，而国内油田于 20 世纪 90 年代初开始引进水力旋流器并用于油水分离。由于离心分离可大大提高颗粒沉降速度，对于两相密度差较小和分散颗粒直径较小的混合液，均有较好的分离效果。图 1.6 为液–液水力旋流器结构示意图，主要由旋流器入口、柱段、锥段、底流口和溢流口组成，为了便于对溢流管出口和底流管出口中液量的控制，而增加了集油腔和集水腔。水力旋流器分离原理及过程为：

1.3 油水分离器的研究进展 (基本类型)

待分离油水混合液通过切向入口进入旋流器体,形成高速旋转流场,利用油水之间的密度差异,重质相水被甩向边壁,螺旋向下运动并从底流口流出,而轻质相油则在旋流器中心附近形成油核,从上部的溢流口流出,从而达到油水分离的目的。水力旋流器具有体积小、质量轻、分离效率高、无运动部件、易于维护等优点,是近年来陆上油田和海上油田重点推广应用的油水分离设备,但水力旋流器也存在对几何结构参数敏感的问题,如果参数设计不当,旋流器内强旋流场存在容易使油滴破碎乳化而恶化分离过程以及对来液流量和性质要求相对稳定、通用性差、自控水平要求高等缺点。

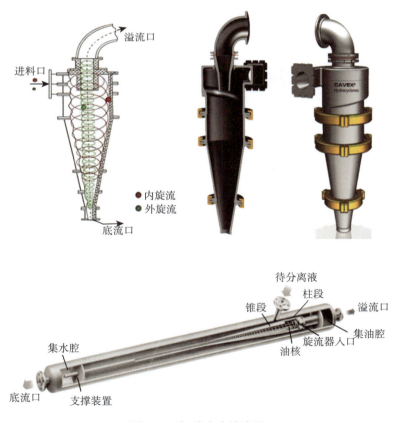

图 1.6 液–液水力旋流器

充气式水力旋流器 (air-sparged hydrocyclone, ASH) 是一种集溶气气浮与水力旋流器的流动特征为一体的分离设备。20 世纪 80 年代,有学者[6]研究发现,通过在旋流器边壁充气,可在离心力场中快速浮选细小颗粒。ASH 分离原理示意图见图 1.7。待分离的油水混合液在一定压力下由切向入口管进入分离器体，产生自上而下的旋转流动；空气经由气腔通过多孔管壁进入流场，被高速旋转的流体剪切分割成大量微小气泡；污水中的细小油滴与气泡在旋转流场中相互碰撞并吸附，在离心力作用下进入中心的泡沫柱，随着向上流动的内旋流从溢流管排出；净化后的水则在离心力作用下被甩向边壁，从底流口排出。充气式水力旋流器集气浮分离方法和离心分离法为一体，具有分离效率高、分离粒径小、浮选停留时间短和结构相对简单等优点。

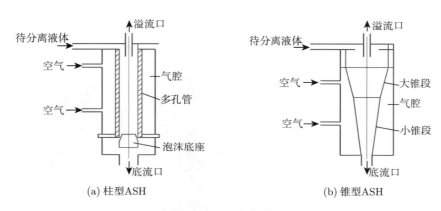

图 1.7　ASH 分离原理

4. 电脱水器

电脱分离的原理是将乳状液置于高压的直流、交流或交直流双电场中，利用电场对水滴的作用，来削弱乳状液的界面膜强度，促进细小水滴之间发生碰撞、合并而聚结成粒度较大的水滴，在重力作用下从原油中沉降出来[7]。交流电场是原油电脱水器中应用最多的电场形式，偶极聚结和振荡聚结是水滴在交流电场中发生聚并的主要形式。在交流电场作用下，电极板所带电荷极性不断发生变化，使乳状液滴表面的电荷方向也随电场变化而不断改变，致使包围水滴的乳化膜强度降低，并沿电场方向发生碰撞、破碎并聚集，从而实现乳状液的破乳。交流电场具有电路简单、无需整流设备的优点，且由于电流频繁变换，带电颗粒移动受到抑制，使得电解反应可逆，不会对设备造成严重腐蚀，因此适合处理含水率较高的原油。与交流电场相比，直流电场的应用范围较小。直流式电脱水器主要利用固定的电场，使带有不同极性的水滴向着相反的方向运动，从而产生碰撞、聚集并形成较大颗粒的水滴而沉降。直流电场脱水效果较好，但由于设备与带电流体间形成的回路对设备造成剧烈的电化学腐蚀，因此只适用于处理含水率很低的原油[8]。交直流双电场综合利用了交流电场和直流电场的优点，电脱水器的上部为直流电场，下部为交流

1.3 油水分离器的研究进展 (基本类型)

电场。原油乳状液先由电脱水器底部注入,经交流电场作用去除大部分水,然后进入直流电场进一步脱水。

图 1.8 为一电脱水器的结构示意图,在进口处设有除气段,混合液先进行气液分离后再进入电场中进行脱水处理。原油经电脱水器处理后,脱水原油中含水率一般低于 0.5%,以保证外输或外销的指标要求。然而电脱水存在一定的局限性,只适用于处理油包水型乳状液,且含水量低于 30%。此外,对破乳剂、助采剂等化学药剂的加入有要求,脱水效果易受到影响。

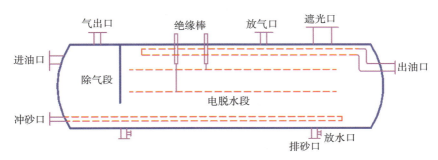

图 1.8 带除气段的电脱水器

5. 过滤设备

污水过滤工艺是水处理的关键环节。过滤工艺由重力式滤罐发展到压力式滤罐,从而提高了滤速,减少了过滤设备的体积和占地面积。过滤分离是将含油污水通过带孔装置或流过由某一种或几种滤料介质组成的滤层,从而使污水中的油滴颗粒和悬浮物得以去除。过滤分离的原因一般有以下几种:一是筛选作用,由滤料介质组成的滤层空隙大小不一,遇到比空隙大的油滴或悬浮颗粒,则被附着截留下来;二是沉淀作用,悬浮物质在滤层中的空隙内发生了沉淀,在滤料颗粒表面堆积;三是物理或化学吸附作用,一般常选用亲油或亲水介质作为过滤设备的滤料,则油粒或悬浮物在滤料颗粒表面受到分子间的吸引力或因化学作用而被吸附。通常用来作为滤料材质的有石英砂、核桃壳、无烟煤、石榴石、纤维球 (束) 和各类膜等,常根据过滤设备所选用的滤料材质而命名为相应的过滤器。目前,国内油田采用的过滤设备主要有核桃壳过滤器、双层滤料过滤器、纤维球过滤器、金属膜过滤器和烧结管过滤器等[5]。

图 1.9 所示为由多种滤料材质组成的过滤分离器。过滤器内按照流体流动方向,各滤层中的空隙逐渐减小。当含油污水由进水口进入过滤器,在压力作用下,先后经过空隙较大的无烟煤滤料层、空隙次之的石英砂滤料层以及空隙较小的卵石垫层,最后得到的清水从底流口排出。过滤分离设备可通过调节滤层间隙而改变

滤料的空隙度，提高除油能力。然而，由于过滤罐在过滤过程中截留了大量杂质，时间越长，处理量越大，杂质积累得越多，从而增加了过滤的阻力，并且由于滤料空隙的堵塞，过滤效果变差，使处理后的水不能达标，所以过滤设备在使用一定时间后需要进行反冲洗或者更换滤芯。过滤设备的另一缺点是对进入过滤罐的污水含油率也有一定的要求，不能超过设备预定的标准值，否则就使得滤料层负荷加重，造成污染和严重堵塞，缩短反冲洗周期。

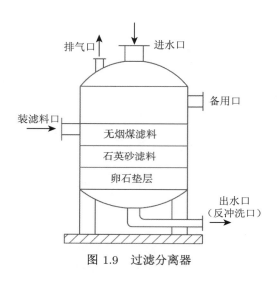

图 1.9　过滤分离器

6. 复合式分离器

油田实际生产中，常根据采出液处理后对油、水的要求不同而选用不同的处理工艺。现场实践经验表明，采用单一的分离方法，很难达到处理后的要求，因此工程上往往将各种分离原理复合使用，相互取长补短，形成了多级使用的复合式分离器。按处理工艺要求，选用或设计不同的处理设备和加入必要的处理药剂，使处理后的油达到外输或外销的标准，水达到相应的注水水质标准、外排水水质标准或注汽锅炉给水水质标准。

图 1.10 所示为目前国内油田普遍采用的油水处理工艺流程图。从油井来的采出液进入自然除油罐，分离得到的低含水油从罐上部流入油罐，而经沉降后的污水含油量可降至 1000mg/L 以下，再投加混凝剂进入混凝沉降罐沉降，此时含油量可降至 50~100mg/L，再经石英砂压力过滤罐过滤后，一般可使含油降到 20mg/L 以下，悬浮物降至 10mg/L，最后经杀菌、阻垢、缓蚀处理便可得到合格的净化水。系统回收的污油返回集输系统进行再次处理。该类处理工艺流程效果较好，对原油含

水量或水中含油量的变化适应性强,但具有占地面积大、基建费用高、停留时间长等缺点。

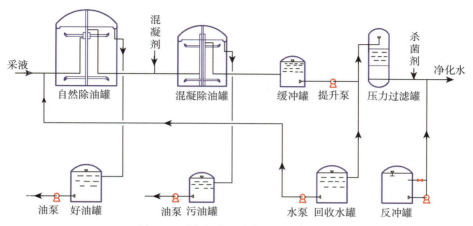

图 1.10 陆上油田油水处理工艺系统

图 1.11 所示为一种现有海上油田生产分离系统。该工艺流程主要包括三级重力式油气水三相分离器和三级油水旋流分离器。海管来液先进入重力式三相分离器进行分离,得到的合格气从罐顶部可外放,水从罐体下部进入旋流分离器进行分离,而处理后的油进入下一级继续处理。可根据现场油田的处理后水质要求,设置一级或者多级串联的三相分离器。此类分离器具有效率高,相对占地面积小,但是需要自动控制程度高等特点。

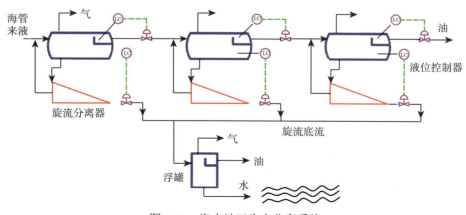

图 1.11 海上油田生产分离系统

由国内河南油田设计院设计研发的 HNS-III 型高效分离器[9],如图 1.12 所示,集多种分离技术为一体,包括来液旋流预脱气、水洗破乳、高效聚结、斜板除油等,适用于油田脱水系统。该分离器的分离过程为:采出液首先进入预脱气室,利用旋流分离和重力作用相结合脱除原油伴生气,分离得到的气体进入后面的气包,经捕雾器后进入气管系统;经预脱气后的油水混合物在水洗室和分配器内进行活性水层洗涤破乳、高效填料聚结;最后通过沉降分隔室进行沉降分离后,利用液位控制系统将水和油排出分离器,从而达到三相分离的目的。该分离器经现场试验表明,对含水率 80% 以上的油水混合物,经过分离器处理后外输油中含水率可降至 0.5% 以下,外排水中含油率则在 300mg/L 左右。

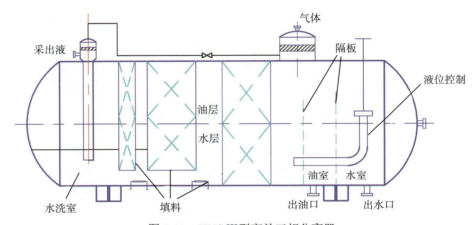

图 1.12 HNS-III 型高效三相分离器

1.4 油田油气水分离器的新需求

目前,国内外各油田进行油气水分离工艺大都采用三级分离模式,第一级进行气液分离(俗称脱气),用一种分离装置将天然气从采液中分离出来;第二级进行水的初分,将第一级分离后的油水混合液中的大部分水 (70% 以上) 分离出来,这一级就是通常意义下的油水分离器;第三级进行水的精细分离,即将第二级分离后的含少量水 (含水 30% 以下) 的油水混合液中的水分离出去 (分离后油中含水在 1% 以下),目前大多数油田都采用高压静电除水的办法进行精细分离,所以俗称电脱水或电脱。同时,环境保护要求分离后每升水中含油小于 10mg(即 10ppm),还需要庞大的设备进行所谓污水处理。可见,油田进行油气水分离的系统非常庞大,也非常复杂。

现在普遍使用的油气水分离系统不但装置庞大、系统复杂,而且能耗大、排放量大,且排放物很难达到环保要求。考虑到现在国家对企业经济、高效、节能、减

1.4 油田油气水分离器的新需求

排的要求，就必须对现有油气水分离系统进行改进，对分离技术进行革新。对海上油田，现行的油气水分离系统遇到了更为严峻的挑战。

1.4.1 深水平台多相分离

我们知道，与陆地油气开发不同，海洋油气开发首先必须克服海洋环境 (海水、海浪、海流、海床等) 给生产活动带来的影响。海洋石油工程高新技术首先要解决的问题是必须具有进入恶劣深海环境进行驻留、定位与运载作业的能力。即需要人员驻留和安置生产设备的水面设施 (一般称为生产平台或海洋平台)，需要将海面与海底融为一体的连接通道 (一般是立管系统)，需要在海床固定和安置有关设施 (如平台系统、立管系统、井口系统、管汇系统、输送管线等)。这些设施的设计、建造、施工、运营、维护不仅与生产工艺密切相关，而且与海洋环境 (风、浪、流、潮、涌、内波、水深等) 密切相关，从而提出了一系列与海洋环境条件密切相关的海洋工程科学和技术问题。平台上使用的油气水分离系统就是其中的关键技术问题之一。因为油气水处理系统极为庞大，需要占用平台上大部分有效空间，对同样的油气水处理量，若能减小分离器的体积，则对使用空间极为缺乏的平台就具有极为重要的意义。特别是庞大的分离器及其附属系统具有很大的质量 (数百吨到数千吨)，而平台上的有效载荷对平台的造价也有很大影响。据国外专家估计，3000m 水深的油气开采平台上增加 1kg 有效载荷，则平台的造价就需要增加 1 万美元[10]。可见，将现有的陆上油气分离技术直接应用到深海平台几乎是不可能的。因此，如何结合我国海洋油气开发的实际情况，研制出结构简单、体积小、质量轻、分离效率高、处理量大、容易安装维护、安全可靠的能应用于海上平台的油气水三相分离器，具有重要的现实意义和应用价值。

1.4.2 深海海底多相分离

目前，石油业主已经把目光投向蕴藏在 3000m 海底的油藏，且世界深水区域已探明储量达 440 亿桶油当量，未发现的潜在资源量大约有 1000 亿桶油当量，其中大部分集中在 1500m 以上水深的海域，到 2010 年，全球深水区投产油气田的储量已达到 273.15 亿桶油和 6 万亿立方米气。随着科学技术的进步和人类对石油等矿藏资源认知水平的不断提高，人类开发海洋石油的进程不断加快，深水已经成为 21 世纪海洋石油发展的必然趋势，而与深水油田开发的相关的工程技术已经和正在成为世界工业史上科技创新的热点之一。

为了有效地开发深水油气田，降低生产成本，20 世纪 70 年代初，国际上提出了水下油气生产的新兴高技术。该技术将全部油气开采和集输设备置于海底，既可避免建造支持系统的平台结构，又利于实现全天候采油，从而可极大地提高生产效率，缩减采油投资。三十多年来，水下生产技术已经取得了长足的进步，主要表现在：①井口生产技术已日臻成熟，现在每天已经有数千个水下采油树在海底工作，最大工作水深超过 2000m(达 2499m)；②水下管汇及其相关技术已到实用阶段，井口之间的管线连接涉及水下定位技术、管线的连接与转接件技术、ROV/AUV 水下操作技术等，这是近年来水下生产技术发展得最为活跃的一个方面，现在全球已有数十个厂家可以提供产品和服务；③水下动力技术取得较大进展，目前水下动力一般采用就近平台的电缆供电，重点发展了电缆技术、电接头技术和控制技术，超大功率的动力提供与远距离动力输送仍是需要解决的问题；④电潜泵技术得到推广应用，水下多相增压泵曾经是水下生产技术中提得最响的技术之一，花费了很大的人力、物力进行研究，目前还是以电潜泵和螺杆泵来实现油水和油气水短距离的增压输送(20 英里以内)，但长距离油气水多相混输以及多相混输泵技术仍需要研制和发展。这些水下技术与水面(平台或浮式结构)生产处理技术的结合，成为一些海洋油田的生产模式。图 1.13 给出典型的海底油气开发水下生产系统。

图 1.13　海底油气开发水下生产系统

我们知道，提出水下生产技术的初衷是想避免昂贵的水面系统(主要是平台系统)的建造和恶劣气候以及海况条件(台风、波浪、海流)的影响。现在实施的水下生产系统，只是将平台上油气生产的部分功能移到了水下，而对产液的处理功能(油气水沙分离、废水、废沙、废气的处理/排放)以及对油井的管理功能(注聚、注水，产能调控，产量测量)却难以在水下实现，所以必须将水下技术与水面技术结合起来实现油田的正常生产。这样做的结果是最初提出的水下生产技术的根本性好处没有体现出来。产生这种结果的根本原因在于最初提出的水下生产系统的三大核心技术问题没有得到很好解决。这三大核心技术就是油气水三相增压技术、油气水沙多相分离技术和油气水混相计量技术。实际上，20 世纪 80 年代初开始，海洋油气业比较发达的国家都大力组织人力、物力研发水下生产这项高新技术，实施了海神(POSEIDON)计划、GP-SP 计划、SMUBS 计划、SBS 计划、PROCAP

1.4 油田油气水分离器的新需求

和 PROCAP-2000 计划等。这些研究计划的主要内容包括多相混输系统的多相流技术、多相增压泵技术、多相计量技术和水下分离技术，系统的密封、安装、维修、监测、操作、遥控、防护技术，水下集输技术，流动安全保障技术，井口技术，管汇技术，动力技术等。尽管人们一开始就把重点放在三大核心技术上，但由于这三大核心技术本身的难点所在，至今尚未取得实质性突破。油气达到销售标准、水沙达到排放（或回注）标准的水下油气水沙分离还无法实现。可见，要想使水下生产技术得到重大突破，真正实现将全部油气开采和集输设备置于海底、不依赖水面设施的水下生产技术，油气水沙的水下分离成为最关键的必须解决的问题。表 1.1 给出海底油气水分离的四种基本类型。从表中可以看到，只有在海底实现油气水达标的全分离以及生产水的全回注，才能真正实现水下生产系统带来的益处。

表 1.1 海底油气水分离的四种基本类型

分类	设备	特点	水处理	砂处理
一类	多相泵	无分离，混相输送	无	无
二类	分离器 + 多相泵	部分分离，油水混输	可部分回注	无
三类	多级分离器和撇油器 + 多相泵或压缩机	不达标全分离，油气混输	可大部回注	必须处理
四类	多级分离器 + 单相泵和压缩机	达标全分离，油气分输	全回注	必须处理

另外，我国陆上油田，如大庆油田、胜利油田、辽河油田等，由于长期持续开采，油井产出液中含水率接近 90% 以上，大都进入中、高含水开采期。图 1.14 给出了常规油田开发阶段生产成本与产油量以及含水率的变化规律图。从图中可以看出，油田进入中后期后，产出液含水率急剧上升，而产油量逐年降低，油田的开发成本却不断加大。除此之外，油田进入高含水生产期还将面临一系列挑战：井底回压增高，产量递减；油井将大量的水排到地面，加剧环境污染；采油成本上升，综合经济效益变差；油田因含水上升濒临经济开采极限，甚至造成过早停产或废弃使大量原油留在地下。如何降低高含水油井的开采成本，延长其开采期，成为一个急需解决的难题。

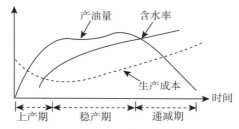

图 1.14 不同开发阶段生产成本、产油量和含水率的变动

为了满足市场需求和提高石油开采的经济效益，油田开采递减期中的治水问

题成为世界石油开采部门关注的大问题。产出水是指在油气开采过程中从油藏地层中产出到地面的水,包括地层水和从地面到地层的注入水。图 1.15 给出了现有生产水处理方法的结构示意图。常规生产工艺是将地层的油气水(以及地层的沙、注入地层的化学药剂和其他杂质)开采到地面,然后在地面对它们进行处理。地面处理是由分离和脱水装置完成的,这些装置包括油气水分离器、撇油器、平板聚结器、水力旋流器、除沙器,或者能同时实现多种功能的多功能分离器,有些情况下还用静电脱出油相中的含水或用过滤膜减少水相中的油含量。随着油藏开采到达成熟期且油气产量达到峰值,通常伴随着采出液中含水量的增加以及相应的举升和水处理成本的增加。

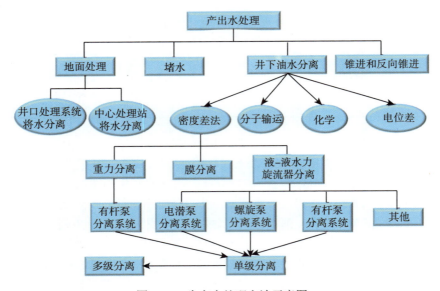

图 1.15　生产水处理方法示意图

含水量增加必然要加强对生产设施和井下处理设备的维护。虽然油田在水处理或再利用方面有多种选择,但受到节能减排等要求对这种废水处理的忧虑正在增加。产出水以及处理后的产出水的排放对环境的影响已成为公众忧虑的主要问题,尤其是油泄漏引起的地面损害或大量的含油污水进入地层引起的饮用水地下污染问题。可以预计,有关产出水管理的环境法规在未来将变得更加严厉,需要用新的方法和技术来管理和治理油田的产出水。

事实上,高含水采油对能量的消耗也是巨大的。以我国年产 2 亿吨石油为例,若平均含水 80%,采出水将达到 8 亿吨,若平均井深为 5000m,则每年将 8 亿吨水从井底提升到地面所需做功 4×10^{16}J,需数十个三峡电站的发电量才能满足这个

1.4　油田油气水分离器的新需求

需求。因此，若能在井底解决我国高含水采油问题，对我国节能的意义十分重大。

1.4.3　采油井井下油水分离

为了解决高含水采油的巨大能耗和污染问题，1991 年加拿大 C-FER 公司率先提出"井下油水分离"的创意与设想，井下油水分离 (downhole oil water separation，DOWS) 指在井底对油水进行分离，然后把水注入井下合适的层位，只将含有少量水的原油提升到地面，从而能极大地简化油田产液的水处理系统[11]。因此，该技术引起了石油工业界和相关技术领域的高度重视[12]。

油井产液的井下分离技术能带来诸多益处：① 降低原油生产费用，该技术能将超过 70%的生产水从井底直接回注到地层，节省了该水量提升到地面的费用、后期深度处理费用、从地面回注到地层的费用 (如果回注) 等；② 能减少地面污水排放量和可能的污水泄漏，可减少对环境的污染和破坏，有利于节能减排和环境保护；③ 由于大幅度减少地面采出液处理量，地面的油水分离系统、管汇系统、后期污水深度处理系统、泵和阀门系统等在尺度上都能得到大幅度缩减，从而节省相应费用等；④ 生产水回注可提高地层压力以及产液井底处理，可降低井底压力，进而可大幅度提高油井产量和油田采收率。国外报道使用该技术效果最好的三口井原油产量增加幅度在 457%～1162%[13]。

油水井下分离系统 (DOWS) 包括许多技术层面，但最主要的是油水分离系统和提升与回注的泵输运系统。现在比较常见的井下油水分离主要是依靠油水之间的密度差，通过重力分离、水力旋流离心分离以及膜过滤分离技术来实现。DOWS 技术的泵送/注入系统主要是通过电潜泵、螺杆泵和有杆泵与水力旋流器结合在一起使用，实现井底注水和将分离后的富含油采出液提升到地面。重力分离系统主要使用有杆泵来实现注水。

1. DOWS 类型

1) 重力分离 DOWS

该方法就是将常规的重力分离技术应用到井下，分离过程遵循 Stokes 定律。重力分离系统依靠有杆泵工作。根据泵的类型，分别有三种不同类型的重力分离系统：双作用泵系统 (DAPS)、三作用泵系统和 Q-SepG 系统。最常用的重力分离 DOWS 类型是双作用泵系统，它由 Texaco 在 1994 年开发并于 1995 年实现现场安装。重力型双作用泵系统的一个关键特性是有两个进气孔。由于重力分流效率较低，且井眼直径较小 (井眼最大直径一般不超过 200mm)，所以采用重力式分离技术需要在注入层与生产层之间有足够的垂向空间 (10m 以上)，且该类分离系统不但在采液处理量方面受到严格限制 (低于 1200 桶/日)，还不能有效地处理液体中的天然气或细颗粒等。使用重力式井下分离技术时，必须提供足够的井眼体积，以便为液流中油滴的分离和上升提供适当的驻留时间。

2) 膜分离 DOWS

该技术是利用聚合膜的亲水/疏水或亲油/疏油性质来实现油水分离的。在高压差条件下，它仅允许油 (或者水) 通过聚合膜，而阻止水 (或者油) 流过孔隙。由于聚合膜基质的孔隙很小，需要很大的压力才能驱动液体通过它们，且因为液体在孔隙很小的聚合膜中的渗流速度很小，所以该分离技术同样受到处理量方面的严格限制。同时，对特定孔隙率和渗透率的聚合膜，流量和压差间必须满足达西或者非达西渗流规律，这在流量/压差范围方面对油井生产提出了严格限制。且通常情况下，不同的井在不同的地层压力下运行，这就需要设计不同类型的膜来应付水的各种毛细管吸入压力。如果将一种类型的标准膜用于所有井，那么就需要在井底对压力实施井控。对最佳膜系统性能来说，根据需要增加产量的能力还会降低到某一特定的流量/压差范围。此外，随着时间的推移，膜的渗透性能会有所损失，这取决于膜的类型、水动力学、膜/溶液相互作用以及流入和处理条件，所有这些都限制了井下膜分离技术的开发和工业实施。迄今为止，还没有看到该技术在现场成功应用的先例。

3) 水力旋流分离 DOWS

该技术是通过改造常规的锥形水力旋流器以便适应井下环境而得到的。水力旋流器 DOWS 的分离机理也遵循 Stokes 定律，并且旋转流体产生的离心力与作用在移动液滴上的拖曳力之间是有差异的。水力旋流器内没有运动部件，分离是通过流体自身旋转产生的较高的离心力来实现的。在操作中，产出液被注入水力旋流器的顶部圆柱部分。混合流体旋转后使得水 (密度较大的流体) 运动到水力旋流器外部并通过与壁面的作用移向旋流器下部出口，而较轻的流体 (油和气) 留在水力旋流器的中心，在那里受旋涡流场的压差作用进入旋流器上部出口并用泵输送到地面。然而，在一个水力旋流器中实现油水的完全分离是不可能的，一般需串联多个水力旋流器来提高油水的分离效率，或并联多个水力旋流器来调节流量，使之大于单一装置的流量。报告显示，水力旋流器提供了很有效的高含水流体的油水分离。处理后的水中通常仅含有不到 2000ppm 的残余油。但水力旋流器对黏度敏感，入口混合物的黏度大于 5~10cP 将降低分离性能。目前，由于水力旋流分离 DOWS 的外形尺寸小，结构紧凑，设备成本低，操作费用低而成为最有效的井下分离设备。

2. 国内外研究现状及分析

国外的石油公司联合高校在 20 世纪 90 年代开始井下油水分离设备的开发研制工作，并由 39 家世界各地的石油公司、投资公司、高等院校、研究单位共同形成一个世界性的 JIP— 联合工业研究项目。经过 5 年多的努力，已研制出三种基于锥

1.4　油田油气水分离器的新需求

形旋流器的井下分离系统,即 ESP(电潜泵)、PCP(螺杆泵) 以及有杆泵井下分离系统,并投入现场试验。近年来欧洲又开发了新型的重力分离 DOWS,可允许重力分离发生在大位移井的水平段处,且在北美试装了 16 台,油产量增加 106%~233%。虽然其效果显著,但是对油井的要求高,油井的管径必须大于 14cm。目前国外对于基于旋流的 DOWS 应用较多,已经安装了近百套井下分离系统,Veild 等报道了 37 口井的安装试用情况,总产油量均有明显增大,产水幅度减少超过 75%,例如有的井产油量从 13 万桶/天增加到 164 万桶/天;Verbeek 等报道了 1997 年在德国 Hannover 东部 Eldingen 油田进行的试验,其含水率达到 97%~98%,可使油净产增加 300%,地面产水下降 64%。

虽然目前国外的井下油水分离的系统技术相对成熟,但是大部分只是用于高含水、低产量的油井,处理量较低,并且价格昂贵。一套基于旋流的 DOWS 需花费数十万美元,即使一套重力式的井下分离系统也得花费近十万美元。对我国来说,陆上油井后期的开采价值普遍较低,难以承受如此巨额的费用,并且受到专利技术的限制,我们的采购费用还将会更高。海上油田通常单井采液量都较大 (每天会超过 1000m^3,有的甚至超过 3000m^3),这又是国外现存的井下分离技术难以适应的。而我国石油生产高含水的现状比其他任何国家都更需要井下油水分离技术,因为它对我国节能减排的意义显得更为重大,所以近年来该技术引起了国内石油行业和科技界、学术界的广泛重视。但由于油井地层条件、油的物性、实际井深、产量、含水率等因素对 DOWS 技术实际使用的影响很大,特别是井下空间条件的限制极为严酷,国内对井下油水分离器的研制似乎尚未开始。虽然近年来我们国家购买了美国的 DOWS 技术,并在我国近海油田进行了试验,但实际使用效果并不理想。而目前我国大部分油田进入高含水开采期,需要处理的水急剧增加,加上国外专利保护、技术昂贵等一系列原因,我国石油企业无法获得其关键技术,因而进行自主研发井下油水分离技术迫在眉睫。

从上述国外井下油水分离技术的发展可以看到,目前国外在井下使用的重力分离、膜分离和水力旋流分离都是将地面成熟的油水分离技术应用到井下,其技术发展也仅是如何使这些成熟技术适应井底的特殊环境和操作条件。尚未发现针对井下特殊环境和操作条件而提出的具有创新性的井下油水分离技术及其相应的油水分离器。

我们知道,井下分离的最大困难在于井下受到严格限制的空间尺寸。分离器必须放在最大直径不超过 200mm 的井眼里,而且在井眼里还必须装备回注水和提升油的泵输系统以及相应的连接管汇系统和控制系统。其次是分离器的处理量问题。传统的重力分离、膜分离、锥形水力旋流分离等技术在受限的井眼空间里,根本无法大规模提高处理量 (最高效的水力旋流井下分离技术日处理量也在 1000m^3 以下)。如果不能提出比传统方法更有效的油水分离技术,将难以有效解决油水井下分离的实际问题，特别是高产液井的井下油水分离问题。

可见，随着油气开发的发展，深海平台的油气水分离、深海海底的油水分离、采油井井底油水分离都迫使人们不得不采用其他分离原理，研制小型、高效的适合深水环境、井下环境的油气水新型分离技术，特别是油气水沙多相分离技术。正是在这种前提条件下，我们提出了管道式油气水分离的新理念，以期解决深海平台、深海海底、采油井井底的油气水分离难题。

管道式油气水分离器是将油气水的分离过程限制在管道式的分离器件中进行。这样就可以采用集约式的管道式结构系统取代以前必须使用的庞大的储罐式系统实现油气水的经济、高效、快捷、低能耗处理。而且，由于采用管道式结构，深海海底的高水压、采油井井底的狭窄空间、海洋平台的受限空间和受限载荷的难题都能迎刃而解。为了实现这一目标，十多年来，我们先后发明了螺旋管油水分离技术、T型管油水分离技术、柱形旋流管油水分离技术、管道型轴向叶片旋流式油水分离技术等[14-16]。

本书系统介绍了管道式油水分离的理论基础、螺旋管油水分离技术、T型管油水分离技术、柱型旋流管油水分离技术、管道型轴向叶片旋流式油水分离技术的研制过程与设计方法，管道式油水分离技术在油田现场的使用效果等。

参 考 文 献

[1] 吴晓根, 韩永忠, 李俊, 等. 含油废水处理技术进展. 环境科技, 2010, 23(2): 64–67.
[2] 马自俊. 油田开发水处理技术问答. 北京: 中国石化出版社, 2003.
[3] 王恩长. 波纹斜板除油装置试验. 油气田地面工程, 1979, Z1: 61–72.
[4] 吕玉娟, 张雪梨. 气浮分离法的研究现状和发展方向. 工业水处理, 2007, 27(1): 58–61.
[5] 李占辉, 朱丹, 王国丽. 油田采出水处理设备选用手册. 北京: 石油工业出版社, 2003.
[6] Yalamanchili M R, Miller J D. Removal of insoluble slimes from potash ore by air-sparged hydrocyclone flotation. Minerals Engineering, 1995, 8: 169–177.
[7] 王春升. 浅谈原油电脱水器的设计. 中国海上油气, 1998, 10(5): 14–23.
[8] 肖蕴, 赵军凯, 许涛, 等. 原油电脱水器技术进展. 石油化工设备, 2009, 38(6): 49–53.
[9] 严国民, 易南华, 肖勇, 等. HNS 型三相分离器的应用. 油气储运, 2002, 21(1): 37–39.
[10] 吴应湘, 许晶禹. 油水分离技术现状及发展趋势. 力学进展, 2015, 45: 201506.
[11] Michelet J F, Sangesland S. Downhole separation of oil and water. In: Proc. of the 9th Underwater Technology Conference Bergen, Norway, 1996.
[12] Zhang Y, Jiang M, Zhao L, Li F. Design and experimental study of hydrocyclone in series and in bridge of downhole oil/water separation system. In: Proc. of ASME 2009 28th International Conference on Ocean, Offshore and Arctic Engineering. American Society of Mechanical Engineers, 2009, 429–434.

参考文献

[13] Veil J A, Langhus B G, Beliens. DOWS reduce produced water disposal costs. Oil & Gas Journal, 1999, 97(12): 76–85.

[14] 周永, 郑之初, 等. 带孔螺旋管的油水分离实验研究. 第十八届全国水动力学研讨会文集, 2004, 263–272.

[15] Liu H F, Xu J Y, Wu Y X, Zheng Z C. Numerical study on oil and water two-phase flow in a cylindrical cyclone. Journal of Hydrodynamics, 2010, 22: 790–795.

[16] Shi S Y, Xu J Y. Flow field of continuous phase in a vane-type pipe oil-water separator. Experimental Thermal and Fluid Science, 2015, 60: 208–212

第 2 章　油气水分离的基本理论

油井产液都是烃类和非烃类的混合物，一般需通过分离手段得到符合商品质量要求的原油和天然气。从图 1.1 中的油田采液的分离工艺可以看出，该过程的第一步是进行气液分离，即将采液中的天然气先分离出来，然后再对油水混合液进行分离。

气液分离可用原油和天然气的相平衡原理作为理论基础，因为水和其他杂质不会发生相态变化（除非温度高到水发生相变）。原则上，组成一定的油气混合物在某一压力和温度条件下，相间将发生质量和能量的交换过程，这一过程将持续到气液两相的性质（如压力、温度、气/液两相的组成等）不再发生变化为止。这时，气液两相处于动平衡状态，称为气液相平衡状态。这种状态下，气相和液相组成各异，并将形成一定比例。由于气相和液相的密度差异，在重力作用下，两相间将产生自发的分离过程。这样，油气的相间分离可能在采液流经生产层进入井眼过程中就已开始，并在流经出油管线、油管的过程中得到加强。在一定条件下，采液在达到分离器之前就可能已经完成油气的相间分离，沉降罐型油气分离器的作用就是将气体上升至一个出口，液体下降至另一个出口。当然，在气体排出分离器之前要使用所谓的除雾器除去其中的油雾，液体排出分离器之前考虑是否进一步进行油水分离。

油水间的液液相间分离情况要复杂得多，因为在大多数情况下，它与分散相的液滴尺寸、分布、浓度、稳定性等有关。

要从理论上理解油水混合液的相间分离，有必要先探讨孤立的悬浮液滴与其周围的相互作用。理论上，不管是什么力使液滴在悬浮液中运动，它总要受到周围流体对它的阻滞作用。液滴在外力场和流体阻力的共同作用下，会产生一个稳定的迁移运动。这种运动可用 Stokes 定律描述：

$$u_P - u_L = \frac{(\rho_P - \rho_L)d_P^2 \boldsymbol{a}}{18\mu} \tag{2.1}$$

式中，u_P 是液滴速度，u_L 是局部流体速度，$\boldsymbol{a}$ 是局部加速度，μ 是流体黏度，d_P 是液滴直径，ρ_P 是液滴密度，ρ_L 是流体密度。实际上，在工业中使用的液液分离中的最普遍的力场是重力加速度确定的重力场，它是最常用的分离驱动力。从 Stokes 定律中可以看出，分离速度正比于液滴与流体的密度差的一次方和液滴直径的二次方。因此，认为可以轻易地通过重力沉降实现液液混合流体的分离的想法是靠不住的，除非液滴的直径较大，且液液两相的密度差也较大。对液液两相密度差很小的混合流体 (如 $\rho > 950\mathrm{kg/m^3}$ 的超稠油的油水分离) 和液滴直径很小的液液混合流体 (如浓度小于 100ppm 的含油污水的分离)，就很难直接通过重力沉降实现液液两相分离。

为了提高液液分离的效率，工业上经常采用旋转而形成的离心加速度场来实现液液分离。由于旋转而形成的离心加速度可以到达重力加速度的上千倍，上万倍 (甚至数百万倍)。这时，控制液液分离的 Stokes 定律仍然成立。可见，采用离心加速度场进行液液分离，其效率可比重力分离高得多。

需要注意的是，旋转系统虽然遵从同样的自然规律，但还会呈现出一些不同的性质，离心分离也不例外。离心机和旋流器中的加速度场可用旋转坐标系中随体坐标的半径向量来描述：

$$r = |r|\mathrm{e}^{\mathrm{i}\omega t} \tag{2.2}$$

式中，r 是流体质点的坐标向量，ω 是角速度，t 是时间。微分后给出

$$r' = (|r'| + \mathrm{i}|r|\omega)\mathrm{e}^{\mathrm{i}\omega t} \tag{2.3}$$

$$r'' = (|r''| - |r|\omega^2 + 2\mathrm{i}|r'|\omega)\mathrm{e}^{\mathrm{i}\omega t} \tag{2.4}$$

式中，$|r''|$ 项代表迁移加速度，或称达朗伯 (d'Alembertian) 加速度的数值；$-|r|\omega^2$ 项代表离心加速度的数值；$\mathrm{i}|r'|\omega$ 项代表所谓复合向心加速度的数值，它形成表观切向力，大小为径向速度与加速度的乘积，表现为在离心设备中引起旋涡流和短路，对离心分离会产生负面作用，这是离心设备设计时应该注意的问题。

如果液滴较小 (如小于 10μm)，而正好又处于分离问题的范围，这时液滴的布朗运动可能会起到很重要的作用。在显微镜下观察细微悬浮颗粒，就会发现颗粒始终处于不规则的运动状态。人们对这种现象作了大量研究，通过实验已经很准确地指明这些悬浮颗粒的动能是 $\frac{3}{2}kT$ (k 是玻尔兹曼常量，T 是温度)。对于平均速度为零的无界悬浮液，若液滴浓度 c (这里指摩尔浓度) 分布不均匀，颗粒就会向与黏度相反的方向运动，其通量正比于其浓度梯度，即 $J_s \equiv cU = -D\nabla c$，这里 U 是颗粒的平均速度，D 称为扩散系数。可以证明，D 的大小正比于时间 t 内颗粒位移的均方值：

$$\overline{r^2} = 6Dt \tag{2.5}$$

$$\overline{r^2} = \int_0^\infty r^2 P(r,t)\mathrm{d}r \tag{2.6}$$

式中，$P(r,t)$ 是在时刻 t 颗粒到原点 ($t = 0$ 时的位置) 距离为 r 的概率。

理论上，对无界流体中单个球形刚性颗粒的布朗运动可用 Langevin 方程描述：

$$m\mathrm{d}^2\boldsymbol{r}/\mathrm{d}t^2 = \boldsymbol{G}(t) - 6\pi\mu a \mathrm{d}\boldsymbol{r}/\mathrm{d}t \tag{2.7}$$

式中，m 和 a 是颗粒的质量和半径，$\boldsymbol{r}$ 是时刻 t 球心的位置 ($t=0$ 时 $r=0$)。方程右端第一项 $\boldsymbol{G}(t)$ 表示分子运动时间尺度 (对水为 10^{-3} 量级) 快速变化的力，第二项是 Stokes 阻力。用 $\boldsymbol{r}$ 点乘式 (2.7)，再对大量的颗粒取平均，忽略高阶小量 $\overline{\boldsymbol{r}\cdot\boldsymbol{G}}$，并积分得

$$\frac{\mathrm{d}}{\mathrm{d}t}\left(\overline{r^2}\right) = \frac{kT}{\pi\mu a}\left[1 - \exp(-t/\tau)\right] \tag{2.8}$$

式中，$\tau = m/6\pi\mu a$ 称为黏性松弛时间，对于 $a = 1\mu\mathrm{m}$ 的颗粒约为 $2\times 10^{-7}\mathrm{s}$，当 $t \gg \tau$ 后，对上式积分得

$$\overline{r^2} = kTt/\pi\mu a \tag{2.9}$$

比较前面得到的颗粒位移的均方值，得到扩散系数 D 的表达式为

$$D = kT/6\pi\mu a \tag{2.10}$$

此式称为 Stokes-Einstein 公式 [1]，适用于浓度较低的颗粒在流体中的扩散问题。颗粒在 Δt 时间内 (直到 $10^{-5}\mathrm{s}$ 都有效) 沿给定方向的平均位移为

$$\bar{x} = \frac{2RT\Delta t}{3N\pi^2\mu d_p} \tag{2.11}$$

式中，R 是气体常数 ($8.314\mathrm{J}/(\mathrm{K}\cdot\mathrm{mol})$)，$N$ 是阿伏伽德罗常量 (6.023×10^{23})，T 是绝对温度。

对原油和水组成的液液混合系统，相间分离与液滴尺寸、液滴稳定性以及分散相的浓度密切相关。大多数情况下，液滴尺寸分布也与分散相的浓度和稳定性有关。这样，就可按分散相液滴的尺寸作简单分类。

在实际工业应用中，很难通过一种物理原理就实现液液混合物的最终分离。液液混合物的分离与分散相尺寸有很大关系。可以根据分散相尺寸大小，将其分为自由、分散和溶解三类。自由态是指混合物放置而不被扰动时在很短时间内可以保持互相分隔的分散状态。分散和乳浊态可以再分 (按照尺寸减小趋势) 为一次、二次乳浊液和微乳浊液，这些乳浊液的液滴尺寸范围规定得不十分确切，液滴尺寸不一定提供出对乳浊液稳定性的估计。因此，乳浊液常常根据稳定性进行分类。在很多实际工业应用中，乳浊液具有很小的分散相体积份额，一般在 50~1000 ppm 量级范围。溶解态的体积份额在百万分之几十的数量级。油和水之间就有限定的溶解度，当存在其他溶解成分时，其溶解度可以增大。例如，矿化度高的水中溶有有机物时，油的溶解度将会最大。

乳浊液的稳定性在进行乳浊液分离和选择破乳剂时是非常重要的。影响乳浊液的主要界面特性就是界面黏度、液滴电荷和界面张力。这些特性反映界面区的化学性质。另外，连续相黏度、分散相液滴尺寸和浓度也影响乳浊液稳定性。由原油—表面活性剂—水组成的液液混合系统，其稳定性往往取决于相间存在的界面膜。从定性上看，高到 10^{-5}kg/s 的界面黏度就足以阻止凝聚。从小的液滴上排除稳定膜比从大的液滴上排除更困难，原因是表面张力的影响更为显著。

在所有处理液液混合物的系统中，往往是一种液体分散于另一种不相溶的液体中，系统运行时，时刻发生着液滴的破碎和聚合。在确定分离技术、设备大小和管路时，估算液滴尺寸大小往往是有用的。作为工程估算，Karabelas 用下面的 Rosin-Rammler 公式估算管内湍流流动中的液滴大小：

$$V_d^+ = \exp\left[-2.996\left(\frac{D}{D_{95}}\right)^{2.5}\right] \quad (2.12)$$

此处 V_d^+ 是直径大于 D 的分散项累积体积份额。D_{95} 是规定的液滴直径，其意义是有 95% 的液滴的尺寸均小于 D_{95}。液滴直径 D_{95} 用下式计算：

$$\frac{D_{95}}{L} = 4.0We^{-0.6} \quad (2.13)$$

这里 Weber 数 We 是由管的内径 L 决定的：

$$We = \frac{L^3\omega^2\rho}{\sigma} \quad (2.14)$$

这里 ω 是液体转动的角速度。原则上，上述公式应在分散相的体积浓度小于 1% 的条件下使用。

2.1 重力分离

两种不同流体介质混合在一起时，如果密度不同，则由于阿基米德浮力作用，重相介质将沿重力方向下沉，轻相介质将逆重力方向上浮。长时间后，这种两相介质因密度差异而自动沿重力方向实现的分离称为重力分离。这种分离因借用介质本身的物理属性，无需外加能量，所以是最经济、最实用的分离方法，其使用最为普遍。在条件允许的情况下，要尽量利用介质的这种物理属性。介质受密度差作用产生分离的力的大小为

$$F = (\rho_1 - \rho_2)Vg \quad (2.15)$$

对于自由沉降的圆形颗粒，在没有壁面影响和阻碍沉降的影响时，颗粒做加速运动直到拖曳阻力与重力达到平衡的最终恒定沉降速度为

$$U = \sqrt{\frac{4(\rho_1 - \rho_2)gD}{3\rho_2 \xi}} \qquad (2.16)$$

式中，ρ_1 是分散（颗粒）相密度；ρ_2 是连续相密度；D 是颗粒直径；ξ 是无量纲阻力系数，其大小取决于与颗粒形状和颗粒尺寸有关的雷诺数。在 Stokes 定律范围内（$Re < 0.3$），终端速度按下式计算：

$$U = \frac{(\rho_1 - \rho_2)gD^2}{18\mu_2} \qquad (2.17)$$

式 (2.17) 是根据 $\xi = 24/Re$ 导出的。在牛顿定律范围（$1000 < Re < 200000$）内，ξ 接近常数，对刚性球形颗粒约等于 0.44，而终端速度为

$$U = 1.74\sqrt{\frac{(\rho_1 - \rho_2)gD}{\rho_2}} \qquad (2.18)$$

在二者的中间范围（$0.3 < Re < 1000$），ξ 值的表达式为

$$\xi = 18.5/Re^{0.6} \qquad (2.19)$$

一般来说，黏性小且直径小的液滴可看成刚性球，直到 Re 接近 10，这种液滴的终端速度都可以刚性球曳力系数计算。随着液滴尺寸加大，液滴在运动中会偏离球形，且会来回摆动，从而减小沉降或漂浮速度。

量纲分析表明：液滴的曳力系数与 Re 和 We 两者有关[2,3]。对于低连续相黏度（大致为 0.005Pa·s）的纯液体，（即界面张力 $>2.5\times 10^{-2}$N/m），Hu 与 Kintner[4] 提出了一个计算终端速度的关系式，它用无量纲参数 $\xi \cdot We \cdot P^{0.15}$ 与量纲参数 $Re/P^{0.15}$ 的关系表示。P 的计算公式为

$$P = \frac{4Re^4}{3\xi \cdot We^3} = \frac{\rho_1^2 \gamma^3}{g\mu_1^4(\rho_1 - \rho_2)} \qquad (2.20)$$

Re 和 We 均按液滴直径和终端速度计算。

对于连续相黏度大的情况（但小于 0.03Pa·s），无量纲参数 $\xi \cdot We \cdot P^{0.15}$ 应乘以因子 $(\mu_{H_2O}/\mu_2)^{0.14}$。对于低连续相黏度（小于 0.002Pa·s），Klee 和 Treybal 的公式比较准确：

$$U = \frac{0.8364(\rho_1 - \rho_2)^{0.574}g^{0.574}D^{0.704}}{\rho_2^{0.445}\gamma^{0.019}\mu_2^{0.111}} \qquad (2.21)$$

若在液体中添加少许表面活性剂，将会降低颗粒的终端速度。

上面的讨论只适用于在牛顿流体中自由沉降（或漂浮）的颗粒。而且，当颗粒的尺寸非常小（大概在 0.1μm）时，颗粒的布朗运动比重力引起的运动更明显。若颗粒相浓度较大，则颗粒的终端速度也会受到影响。

重力沉降由于它的低能耗、低初成本和运行使用简单而被视为对不溶混液体进行分离的首选方法。但当液相之间的密度差很小、连续相黏度很高或分散相液滴尺寸很小时,重力分离就不再是一种有效方法。所有这些因素都将使得停留时间显著增加,容器尺寸显著增大。因此,重力沉降主要用在处于游离状态的不溶混液体的分离中。显然,在重力分离系统中要尽量避免使用高速离心泵,以免液滴破碎,影响分离效果。

最近一些学者提出使用 T 型管的动态重力沉降代替大型沉降罐的静态重力沉降进行油水两相分离,取得了很好的效果。

2.2 离心分离

离心分离是通过流动引起的转动或机械引起的转动而将离心力赋予不相溶的两种介质而使其分离的一种技术。这时,离心力是使颗粒产生沉降的主要动力,其大小为

$$F = (\rho_1 - \rho_2)Vr\omega^2 \tag{2.22}$$

式中,离心加速度 $r\omega^2$ 代替了重力沉降中的重力加速度 g 来描述颗粒的沉降特性。应当注意,离心加速度是沿半径 r 方向作用的,而且是 r 的函数。

通常,油气水的离心分离需要在旋流器内进行。在旋流器内,流体的运动是复杂的三维旋转运动。流体的这种旋转运动也称为旋涡运动。旋流器内流体混合液的分离过程,就是流体旋涡产生、发展和消散的过程。因此,在研究旋流器内流体混合液的分离原理和设计计算方法之前,有必要介绍一些流体旋涡运动的基本知识。

在流体力学中,将流体运动速度的旋度定义为流场的涡量,记作 ω,

$$\boldsymbol{\omega} = \nabla \times \boldsymbol{u} \tag{2.23}$$

如果 $\boldsymbol{\omega} = 0$,则称流体的运动为无旋运动,否则叫有旋运动。需要注意的是,日常生活中常把绕某一中心旋转的流动称为涡旋,即看流体质点运动迹线来判断运动是否有旋。从流体力学的观点来看,这样的判断是不准确的,而要以公式 (2.23) 作为判断标准。如果 $\boldsymbol{\omega} = 0$,则流体质点的旋转运动称为无旋的"自由涡"运动,而 $\boldsymbol{\omega} \neq 0$ 的流体质点的旋转运动称为有旋的"受迫涡"运动。在旋流器中,这两种旋转运动可能同时存在于流场中。

为讨论方便,我们选用柱坐标系 (r, θ, z)。涡量在径向、切向和轴向的分量与相应的速度分量可表示为

$$\omega_r = \frac{1}{r}\frac{\partial u_z}{\partial \theta} - \frac{\partial u_\theta}{\partial r} \tag{2.24}$$

$$\omega_\theta = \frac{\partial u_r}{\partial z} - \frac{\partial u_z}{\partial r} \tag{2.25}$$

$$\omega_z = \frac{1}{r}\frac{\partial r u_\theta}{\partial r} - \frac{1}{r}\frac{\partial u_r}{\partial \theta} \tag{2.26}$$

涡量 ω 是空间坐标 r、θ、z 和时间 t 的连续函数，和速度 u 一样，涡量 ω 也构成一个矢量场，称为涡量场。与流场中流体质点的流线一样，可以定义流场中流体质点的涡线：对于同一时刻的质点线，如果它上面任一点切线方向与该点涡量方向一致，那么这条曲线就称为涡线。涡线的方程表示为

$$\boldsymbol{\omega} \times \mathrm{d}\boldsymbol{l} = 0 \tag{2.27}$$

式中，$\mathrm{d}\boldsymbol{l}$ 是涡线上微矢量元。

在流场中取某曲面 A，涡量在该曲面的积分定义为过曲面 A 的涡通量 J：

$$J = \iint_A \boldsymbol{\omega} \cdot \mathrm{d}\boldsymbol{A} \tag{2.28}$$

涡通量 J 也称为由曲面组成的涡管的涡管强度。

对流场中某时刻封闭曲线 L 对速度 u 作线积分得到沿该曲线的速度环量 Γ：

$$\Gamma = \oint_L \boldsymbol{u} \cdot \mathrm{d}\boldsymbol{l} \tag{2.29}$$

由场论中熟知的 Stokes 定理有

$$\Gamma = \oint_L \boldsymbol{u} \cdot \mathrm{d}\boldsymbol{l} = \iint_A \nabla \times \boldsymbol{u} \cdot \mathrm{d}\boldsymbol{A} = \iint_A \boldsymbol{\omega} \cdot \mathrm{d}\boldsymbol{A} = J \tag{2.30}$$

这说明沿封闭曲线 L 的速度环量等于穿过该曲线为周界的任意曲面的涡通量。

可以证明，在同一时刻同一涡管的各个截面上，涡通量都是相同的。因此，同一涡管截面积越小的地方，涡量越大，流体旋转角速度也越大；且涡管不能在流体之中产生或终止，只能在流体中形成环形涡环，或始于、终于边界。这些结论对了解、理解旋流器中流体的涡旋运动有很好的作用。

为了考察涡量的随体变化性质，取流体运动需满足的基本方程 (N-S 方程)：

$$\frac{\partial \boldsymbol{u}}{\partial t} + \nabla \frac{\boldsymbol{u}^2}{2} + (\nabla \times \boldsymbol{u}) \times \boldsymbol{u} = \boldsymbol{F}_b - \frac{\nabla p}{\rho} + \nu \Delta \boldsymbol{u} + \frac{\nu}{3}\nabla(\nabla \cdot \boldsymbol{u}) \tag{2.31}$$

对此式两端取旋度，可以得到

$$\frac{\partial \boldsymbol{\omega}}{\partial t} + (\boldsymbol{u} \cdot \nabla)\boldsymbol{\omega} - (\boldsymbol{\omega} \cdot \nabla)\boldsymbol{u} + \boldsymbol{\omega}(\nabla \cdot \boldsymbol{u})$$

$$= \nabla \times \boldsymbol{F}_b - \nabla \times \left(\frac{\nabla p}{\rho}\right) + \nabla \times (\nu \Delta \boldsymbol{u}) + \nabla \times \left[\frac{\nu}{3}\nabla(\nabla \cdot \boldsymbol{u})\right] \tag{2.32}$$

2.2 离心分离

当运动黏性系数 ν 为常数时，黏性可压缩流体运动的涡量输运方程为

$$\frac{\mathrm{d}\boldsymbol{\omega}}{\mathrm{d}t} = (\boldsymbol{\omega} \cdot \nabla)\boldsymbol{u} - \boldsymbol{\omega}(\nabla \cdot \boldsymbol{u}) + \nabla \times \boldsymbol{F}_b + \frac{1}{\rho^2}\nabla\rho \times \nabla p + \nu\Delta\boldsymbol{\omega} \qquad (2.33)$$

从式 (2-33) 可以看出，影响涡量随体变化的因素有：速度沿涡线的变化，它将引起涡线的伸缩和扭曲；流体的压缩性，它将导致涡量的增加或减少；外力；流体的非正压性；黏性。

对于无黏流体，若进一步假设体力有势且流体是正压的，这时涡量输运方程成为

$$\frac{\mathrm{d}\boldsymbol{\omega}}{\mathrm{d}t} = (\boldsymbol{\omega} \cdot \nabla)\boldsymbol{u} - \boldsymbol{\omega}(\nabla \cdot \boldsymbol{u}) \qquad (2.34)$$

流体运动的控制方程为

$$\frac{\mathrm{d}\boldsymbol{u}}{\mathrm{d}t} = \boldsymbol{F}_b - \frac{\nabla p}{\rho} \qquad (2.35)$$

因体力有势，则

$$\boldsymbol{F}_b = -\nabla \Pi$$

流体正压，则

$$\frac{\nabla p}{\rho} = \nabla P$$

对式 (2.35) 沿封闭曲线积分得

$$\frac{\mathrm{d}\varGamma}{\mathrm{d}t} = \oint_L \frac{\mathrm{d}\boldsymbol{u}}{\mathrm{d}t} \cdot \mathrm{d}\boldsymbol{l} = -\oint_L (\nabla\Pi + \nabla P) \cdot \mathrm{d}\boldsymbol{l} = -\oint_L (\mathrm{d}\Pi + \mathrm{d}P) = 0 \qquad (2.36)$$

这说明正压的无黏流体在体力有势时，沿流场中任何封闭曲线的速度环量在流动过程中保持不变。也就是说，正压的无黏流体在体力有势时，沿流场中任何封闭曲线所围曲面上的涡通量在流动过程中保持不变。若在某时刻流场的某部分内无旋，则在这以前及以后时间，该部分流体内也一定无旋。即正压的无黏流体在体力有势时，流场中的旋涡既不会产生也不会消失，将永远保持其有旋或无旋的流动状态。

2.2.1 受迫涡与自由涡

假定在无界流体中有一圆柱形涡管，横截面圆的半径是 R。在圆涡内部 $r < R$，流体如同刚体一样以角速度 $\varOmega$ 绕圆心旋转，因此流体的速度是

$$\boldsymbol{u} = \varOmega\boldsymbol{e}_z \times r\boldsymbol{e}_r = \varOmega r\boldsymbol{e}_\theta \qquad (2.37)$$

涡量是

$$\boldsymbol{\omega} = \nabla \times \boldsymbol{u} = 2\varOmega\boldsymbol{e}_z \qquad (2.38)$$

这种结构的涡通常称为受迫涡。受迫涡的流体速度与旋转半径成正比,旋转半径越大,切向速度也越大 [5]。

流动区域中出现旋涡时,旋涡将引起周围流体的流动状态发生变化,通常称为涡量场感生的速度场。在受迫圆柱涡的外部 $r > R$,流体速度等同于把圆柱涡看成直涡线所感生的速度。由毕奥-萨伐尔公式可得到

$$u = \frac{J}{2\pi r} e_\theta \tag{2.39}$$

这时流体质点的速度也沿切向,即形成旋转运动,但流体的速度值与旋转半径成反比,半径越大,切向速度越小。很容易验证,这时流场的涡量强度为 0,即为无旋场,这种涡就是自由涡。

现在整个流场是由受迫涡与自由涡组合而成的,这种组合涡称为兰金涡。

在圆柱涡的边界上 (即受迫涡与自由涡的交界面上),流体速度应当是连续的,则有

$$\Omega R = \frac{J}{2\pi R} \tag{2.40}$$

由此可求出涡管强度 J 为

$$J = 2\pi \Omega R^2 \tag{2.41}$$

流场中的压强分布可由伯努利方程求得。假定流场是无界的 (若有界,则需提供边界上的压强值),且不计重力,则在自由涡区 $(r > R)$,伯努利方程有如下形式:

$$p + \frac{\rho u^2}{2} = p_\infty + \frac{\rho u_\infty^2}{2} \tag{2.42}$$

式中,p_∞ 是无穷远处的压强值,而自由涡在无穷远处的速度应为零。因此流场中任一点的压强为

$$p = p_\infty - \frac{\rho u^2}{2} = p_\infty - \frac{\rho J^2}{8\pi^2 r^2} \tag{2.43}$$

这个结果告诉我们,r 越小,速度越大,压强越小。在圆柱涡的边界上 $(r = R)$,自由涡速最大,压强最小,则

$$u|_{r=R} = u_{\max} = U_0 = \frac{J}{2\pi R} \tag{2.44}$$

$$p|_{r=R} = p_{\min} = p_0 = p_\infty - \frac{J^2}{8\pi^2 R^2} \tag{2.45}$$

在圆柱涡区内 $(r < R)$,由于流体刚性旋转,则在随流体旋转的非惯性坐标系中流体满足相对平衡条件:

$$\nabla p = \rho \Omega^2 r e_r \tag{2.46}$$

2.2 离心分离

对式 (2.46) 积分得

$$p - \frac{\rho\Omega^2 r^2}{2} = 常数 \tag{2.47}$$

若取圆柱涡周界上一点，则式 (2.47) 又可写成

$$p - \frac{\rho\Omega^2 r^2}{2} = p_0 - \frac{\rho\Omega^2 R^2}{2} \tag{2.48}$$

即

$$p = p_0 - \frac{\rho\Omega^2 R^2}{2} + \frac{\rho\Omega^2 r^2}{2} = p_\infty - \frac{\rho U_0^2}{2} - \frac{\rho\Omega^2 R^2}{2} + \frac{\rho\Omega^2 r^2}{2} \tag{2.49}$$

在 $r = R$ 处，有 $U_0 = \Omega R$，于是

$$p = p_\infty - \rho U_0^2 + \frac{\rho\Omega^2 r^2}{2} \tag{2.50}$$

由式 (2.50) 可知，在圆柱涡内，压强随半径 r 的减小而减小，在核心处 ($r=0$)，压强达到最小值 $(p_\infty - \rho U_0^2)$。

Rankine 组合涡的速度分布和压强分布由图 2.1 给出。

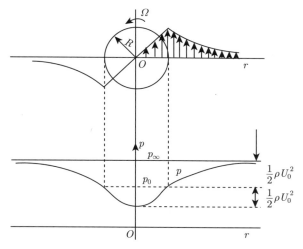

图 2.1 兰金组合涡的速度和压强分布

2.2.2 流体中旋涡运动的产生、扩散与衰减

由 N-S 方程，可导出涡通量随时间的变化关系为

$$\frac{\mathrm{d}J}{\mathrm{d}t} = \oint_l \boldsymbol{F} \cdot \mathrm{d}\boldsymbol{l} - \oint_l \frac{\nabla p}{\rho} \cdot \mathrm{d}\boldsymbol{l} + \oint_l \nu \left[\Delta \cdot \boldsymbol{u} + \frac{1}{3}\nabla(\nabla \cdot \boldsymbol{u})\right] \cdot \mathrm{d}\boldsymbol{l} \tag{2.51}$$

可见，体力、流体非正压性和黏性是影响涡通量变化的三个因素。对油气水分离器中的旋涡流场，可认为体力有势，流体正压。于是，影响涡通量变化的主要因素为

流体的黏性[6]。

$$\frac{\partial \boldsymbol{\omega}}{\partial t} + (\boldsymbol{u} \cdot \nabla)\boldsymbol{\omega} = (\boldsymbol{\omega} \cdot \nabla)\boldsymbol{u} + \gamma \Delta \boldsymbol{\omega} \tag{2.52}$$

为探讨旋涡运动在黏性流体中的扩散和衰减规律,以无界流体中存在的一个强度为 J_0 的无限长直线涡管为例。这时涡量满足的方程为

$$\frac{\partial \omega}{\partial t} = \gamma \Delta \omega = \frac{\gamma}{r}\frac{\partial}{\partial r}\left(r\frac{\partial \omega}{\partial r}\right) \tag{2.53}$$

定解条件为:$t=0$, $r>0$, $\omega=0$; $t \geqslant 0$, $r \to \infty$, $\omega=0$; $t=0$,绕包含该涡线的任一封闭曲线的涡通量 $J=J_0$。

该方程满足定解条件的解为

$$\omega = \frac{J_0}{4\pi\gamma t}\exp\left(-\frac{r^2}{4\gamma t}\right) \tag{2.54}$$

流场速度分布为

$$u_\theta = \frac{J_0}{2\pi r}\left[1 - \exp\left(-\frac{r^2}{4\gamma t}\right)\right] \tag{2.55}$$

图 2.2 给出了涡量 ω 随时间 t 的变化曲线和速度 v 随半径的变化曲线。可以看到:

在初始时刻 $t=0$ 时,流场中各处 $(r>0)$ 的涡量为零,即流场是无旋的。$t>0$ 后,流场立即产生旋涡,涡量随 r 的增大而逐渐减小;当 r 趋于无穷时,涡量趋于零。

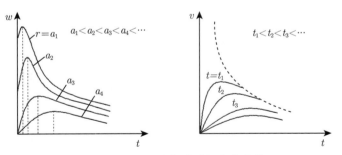

图 2.2 涡量和速率随时间变化曲线

在任意距离 $r>0$ 处,在 $t>0$ 的任何时刻流场中都存在旋涡,涡量先增加,然后很快减小,直到 t 趋于无穷大时为零。

速度分布则是:当 $r \to 0$ 时,$u_\theta \sim \dfrac{J_0 r}{8\pi\gamma t}$,似乎是固体在旋转,但其 "边界" r_0 是随时间变化的。设 "边界" r_0 处的速度为 $u_{\theta 0}$,则 $u_{\theta 0} \sim \dfrac{J_0 r_0}{8\pi\gamma t}$。由于 $J_0 = 2\pi r_0 u_{\theta 0}$,所

2.2 离心分离

以 $r_0 \sim \sqrt{4\gamma t}$。可见，这种涡提供了一个非定常的外部流动和具有尺度度量为 $\sqrt{4\gamma t}$ 的固状涡核的过渡。

对于旋流器内的液液两相离心分离，假设重相液体以离散颗粒态存在于两相混合液中，就可对旋流器内的两相流动进行严格的理论分析。图 2.3 是一个通用的形式，在圆柱段的上部有一个液液混合液的切向入口以产生旋转运动。重相液体在离心力和重力的联合作用下向旋流器的壁面和下部运动，并从底流口排出。轻相液体则向旋流器的中心和上部运动，最后从顶部的溢流口排出。若流体以静压强 p_0、初速度 u_0 沿切向进入旋流器，为分析简单起见，不计流动过程中的压头损失，则在入口处与螺旋形流线上的另一点满足的方程为

$$\frac{p_0}{\rho} + \frac{u_0^2}{2} = \frac{p}{\rho} + \frac{u^2}{2} \tag{2.56}$$

式中，ρ 为流体密度；p、u 为流体在流线上某一点的压强和速度。

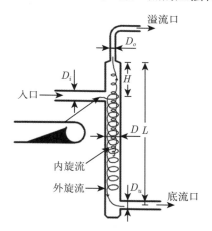

图 2.3 柱型旋流器结构示意图

研究旋流器内的流体运动通常采用柱坐标系，这时流体的速度可分解为径向速度 u_r、切向速度 u_θ 和轴向速度 u_z，即

$$u^2 = u_r^2 + u_\theta^2 + u_z^2 \tag{2.57}$$

在不计损失的前提下，流体沿切向的旋转动量矩将保持不变，即

$$u_\theta r = 常数 \tag{2.58}$$

可见，随着回转半径 r 的减小，切向速度将增大。而在进口处，$u_\theta|_{r=R} = u_0$，这样，旋流器内任一点 $r < R$ 处都有切向速度 $u_\theta > u_0$。由式 (2.56) 可以看出，这

时必有 $u > u_0$, 从而 $p < p_0$, 即流体的静压头转化为速度头 (动压头), 流体的压力势能转换成流体的旋转动能。在这种离心力场中, 颗粒受到的作用力主要包括颗粒自身的离心力、连续相流体的离心力以及流体对颗粒的拖曳力 (阻力), 而颗粒一般粒径较小, 可忽略自身的重力。当两相的密度不相等时, 离心力的作用总是使连续相流体与分散相颗粒之间有一定的速度差 u_0。此时颗粒的受力方程为

$$\frac{\pi}{6}d^3\frac{\mathrm{d}u}{\mathrm{d}t} = \frac{\pi}{6}d^3\left(\rho_d - \rho\right)\frac{u_\theta^2}{r} - 3\pi\mu d u_0 \qquad (2.59)$$

当颗粒的受力到达平衡时, 分散相颗粒与连续相流体的速度差可表示为

$$u_0 = \frac{d^2\left(\rho_d - \rho\right)}{18\mu}\frac{u_\theta^2}{r} \qquad (2.60)$$

如果将式 (2.60) 改写成

$$d = \sqrt{\frac{18\mu u_0 r}{\left(\rho_d - \rho\right)u_\theta^2}}$$

由此可见, 在受力平衡的前提下, 颗粒的粒径越大, 颗粒达到受力平衡后的回转半径也越大。这样, 只要旋流器内的分离空间足够大, 则在离心力场的作用下, 不同粒径的颗粒沿旋流器径向就会形成一定的分布规律。正是分散相沿旋流器径向的这种分布规律才使得旋流器能进行有效的相分离。

参 考 文 献

[1] Landau L D, Lifshitz E M. Fluid Mechanics (Second edition). 北京: 世界图书出版公司, 2008.
[2] 庞学诗. 水力旋流器理论与应用. 长沙: 中南大学出版社, 2005.
[3] 赵庆国, 张明贤. 水力旋流器分离技术. 北京: 化学工业出版社, 2003.
[4] Zhang Y, Jiang M, Zhao L, Li F. The fall of single liquid drops through water. AIChE Journal, 1955, 1(1): 42–48.
[5] 周光炯, 严宗毅, 许世雄, 章克本. 流体力学 (第二版). 北京: 高等教育出版社, 2000.
[6] 吴望一. 流体力学. 北京: 北京大学出版社, 1982.

第 3 章　螺旋管道多相分离器

3.1　螺旋管中多相分离机理

带孔螺旋管是新型分离器研制方案中实现油水分离的一个重要部件。螺旋管分离的基本原理是油水混合液在螺旋管流动过程中受离心力作用使密度较大的水相移向螺旋管的外侧，密度较小的油相移向螺旋管的内侧。流动状态稳定后，在螺旋管外侧壁面开凿小孔将水相放出，以达到油水分离的目的。

影响螺旋管中油水分离的流动参数主要有：u——混合物流速，试验中油水混合基本均匀，可假设油水相速度相同，m/s；μ_o、μ_w——油、水黏度，Pa·s；ρ_o、ρ_w——油、水密度，kg/m³。

影响螺旋管中油水分离的结构参数主要有：旋转半径 R、管径 D、管长 L；对于带孔螺旋管，要考虑孔径的大小、位置、数量、方向和形状等。

一般说来，对于确定的流动参数 β、u、μ 和 ρ，我们希望油水两相在管道中进行充分分离之后，开孔将水排出。

油水分离研究多以液滴模型为基础，通常假定水滴在油中沉降，此种方法适用于研究油包水型混合液。作为初步的机理研究，本书重点考虑低黏度下高含水油水混合物的分离，因此选用简单的油滴模型是比较合适的。由于油滴在水中上浮速度很慢，若忽略管截面上的离心加速度的变化，且考虑到离心加速度和重力加速度一样在管截面上会产生相似的等势场，则油滴做匀速运动时的分离速度可用 Stokes 公式估算[1]，得到

$$v = \frac{(\rho_w - \rho_o)d^2 a}{18\mu_w} \tag{3.1}$$

式中，d 为油滴平均直径 (m)；a 为油滴受到的合加速度的大小 (m/s²)。

仅有重力作用时，油滴在水中的沉降加速度为重力加速度 g；为了减少油水分离的时间，我们利用螺旋管产生的离心力促进分离，这样油滴所受加速度则为重力加速度 g 与离心加速度的合成加速度。

由于离心加速度大小为 u^2/R，方向垂直于重力加速度，因此

$$a = \sqrt{g^2 + \frac{u^4}{R^2}} \tag{3.2}$$

如图 3.1 所示，在高度为 H 的容器中，可以按照一维模型考虑，根据相含率

的不同，油滴在水中上浮完成分离所移动的距离为最底部的油滴到达油水分界面的距离，即 $H \cdot \beta$。

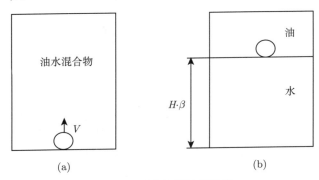

图 3.1 油滴上浮过程示意

由均相的油水混合物变成两层的油水分层状况时，水相有一下降速度 $(1-\beta)v$，油滴在水中的运动速度则为 $v-(1-\beta)v=\beta v$。由此计算得出油水混合物在容器中分离的时间为 H/v。

在直径为 D 的圆管中，油滴的运动不是简单的一维运动，为了分析简单，假定分离所需要的时间为 D/v。

若不考虑流态对分离影响，则完成分离所需要的管道长度至少为

$$L = u\frac{D}{v} = \frac{18uD\mu_w}{(\rho_w-\rho_o)d^2\sqrt{g^2+\dfrac{u^4}{R^2}}} \tag{3.3}$$

进而算得螺旋管的圈数为

$$n = \frac{L}{2\pi R} = \frac{9D\mu_w}{\pi(\rho_w-\rho_o)d^2\sqrt{\dfrac{g^2R^2}{u^2}+u^2}} \tag{3.4}$$

可见，螺旋管的圈数不仅与管道的直径和旋转半径有关，还与油相粒径有关。而在油水混合物中往往有各种尺度的油滴存在。表 3.1 给出两种直径和旋转半径的螺旋管在不同油滴粒径 d 下所对应的螺旋圈数 n。从表中可以看到，螺旋圈数对油滴直径最为敏感，若油滴直径较大 (>0.2mm)，就可采用很少圈数的螺旋管；若油滴直径较小 (<0.1mm)，就必须采用很多圈数的螺旋管。

表 3.1 不同油滴直径需要的螺旋圈数

管径/mm	旋转半径/mm	不同 d(mm) 下的 n 值			
		0.1	0.2	0.5	1.0
40	400	17.5	4.4	0.7	0.2
25	150	11.8	3.0	0.5	0.1

3.1 螺旋管中多相分离机理

要得到螺旋管的实际分离效果，就必须对其分离性能进行系统研究。研究中选取的流动参数参考值如表 3.2 所示。

表 3.2 实验中流动参数参考值

参数	$\mu_w/(\text{Pa·s})$	$\rho_w/(\text{kg/m}^3)$	$\rho_o/(\text{kg/m}^3)$	$u/(\text{m/s})$
估计值	10^{-3}	1000	800	3

根据以上计算结果，结合实验需要和加工工艺要求，所设计加工的三套螺旋管尺寸见表 3.3。其中，第 2、3 套螺旋管的几何参数基本是一致的，因此，将第 2、3 套螺旋管统称为 D25 螺旋管，而第 1 套螺旋管称为 D40 螺旋管。分析可知，设计的 D25 管可以满足 0.1mm 以上油滴的充分分离；D40 管也至少可以满足 0.2mm 以上油滴的分离。

表 3.3 螺旋管的尺寸参数   (单位：mm)

螺旋管	回旋半径 R	管直径 D	螺距 T	螺旋圈数	总高度 H
1	400	40	100	6	600
2	150	25	100	12	600
3	150	25	80	12	480

不难估算，当管内流速为 2m/s 时，D40 管可产生约 $1g$（1 倍重力加速度）的离心加速度；等同流量下，D25 管可产生约 $17g$ 的离心加速度。

假设油水混合物在管中完成分离，外侧的水通过开孔引出螺旋管。如图 3.2 所示，合理的开孔位置应在水较多的位置。但是，由于我们首次进行螺旋管中的油水两相流动分离的性能探索，尚未准确掌握开孔规律。因此，实验的第一方案选择了外侧正中这样的开孔方式。

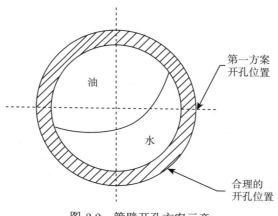

图 3.2 管壁开孔方案示意

3.2 螺旋管多相分离实验

3.2.1 带孔螺旋管的实验方法

带孔螺旋管实验的系统布置如图 3.3 所示,实验室照片如图 3.4 所示。储油罐和储水罐分别存放白油和自来水,水中掺入了高锰酸钾,无色半透明的白油微溶于水,这样就可以直观地区别白油和水。使用潜水泵将油和水注入自行研制的油水射流混合器混合,混合后的油基本上以微小的油滴形式弥散在水中。通过改变连接方式,可以进行单个螺旋管的实验,也可进行多个螺旋管并联、串联的实验研究。

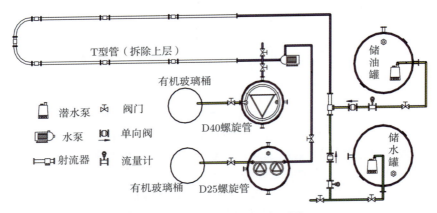

图 3.3 螺旋管实验系统布置图

图 3.4 螺旋管分离实验系统

3.2 螺旋管多相分离实验

油水混合物经过一段主管后进入带孔螺旋管中离心分离，主管直径为 50mm，管中流速可达 2m/s，总长 15m。螺旋管孔中射流出的液体留在螺旋管容器中 (图 3.5)，剩余混合液则流入有机玻璃容器中。对螺旋管每圈单孔及出口取样，可以分析螺旋管中孔射流含水率及流量的变化规律；还可以直接测定容器中混合液的含水率，了解螺旋管的分离效率。

图 3.5　螺旋管中的流动状况

3.2.2　实验用油的物性参数

油样置备是实验工作的重要环节，为了能够获得更多不同油品的分离数据，并为稠油实验做准备。我们从绥中 36-1 站取得原油样品，40℃ 下其黏性系数为 1793mm²/s；我们还从燕山石化购进 LP-14、PS、LP-15 白油用于实验，20℃ 下它们的黏性系数分别为 25mPa·s、78mPa·s 和 1350mPa·s。实验室内可在比较广泛的范围内进行关键部件的油气水分离模拟实验。本实验中现阶段主要使用了 PS 白油和 LP-14 白油，下面给出这两种实验用油的物性参数 (表 3.4)。

表 3.4　PS 及 LP-14 白油物性数据

型号	运动黏度/(mm²/s)		闪点/℃	凝固点/℃	比色/赛波特	密度 (20℃)/(g/cm³)	酸值/(mgKOH/g)
	37.8℃	98.9℃					
PS	32~84	—	—	⩽ −12	⩾ +30	0.8532~0.8830	—
LP-14	14~17	3~5	>160	⩽ −12	+26	0.8266~0.8467	⩽ 0.01

注：以上数据来自厂方资料

为了获得油品的黏性变化规律，我们使用旋转黏度计测定了 PS 白油和 LP-14 白油的黏度，测定的黏温曲线见图 3.6 和图 3.7。

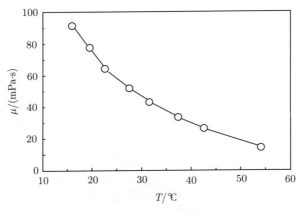

图 3.6　PS 白油黏温曲线

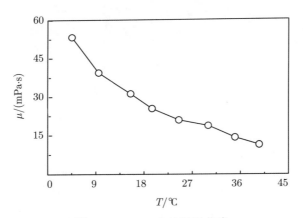

图 3.7　LP-14 白油黏温曲线

为验证自测结果的准确性，我们将 PS 白油送石油勘探设计院采用自动流变仪检测。自行测定的结果与石勘院测定的结果比较如图 3.8 所示。

可以看出自测黏度稍小于送检结果，但偏差不大，证明自测结果可信。造成偏差的原因可能有：①检测结果受测量系统的影响 (我们采用机械式旋转黏度计，而石油勘探设计院采用进口 DSL-300 型自动流变仪)；②机械式黏度计测量时间较长，对准确测量不利；③没有恒温水浴装置，温度不易控制。

3.3 螺旋管分离效率比较及分析

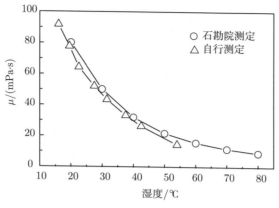

图 3.8 黏温曲线比较

3.3 螺旋管分离效率比较及分析

实验中各参数的实际变化范围如表 3.5 所示。可见，实验中的流动参数变化范围比较大，基本上可以满足不同流速、不同含水率实验的要求。

表 3.5 实验中流动参数的变化

实验用油	螺旋管	入口流速/(m/s)	含水率
PS	D25	0.60~3.42	0.147~0.726
PS	D40	0.64~1.48	0.162~0.795
LP-14	D25	0.92~3.91	0.283~0.889
LP-14	D40	0.76~1.59	0.636~0.738

作为初步的实验研究，我们一方面通过对螺旋管孔口出液的性质分析，探索螺旋管内油水流动和分离规律；另一方面通过整体分析，考核特定尺寸分离装置的分离效率。

3.3.1 用第一孔含水率衡量分离效率的分析

带孔螺旋管中混合液受到重力和离心力共同作用而分离。除了分离速度和分离时间影响分离效果外，混合液的流态，开孔的位置、大小等也会影响分离效率。机理分析中，尚无法通过一个或者多个特定的参量或者相似参数来分析和描述实验结果。由于流体湍流对油水分离可能会有较大影响，因此本书采用雷诺数作为一个参量来分析实验结果。雷诺数定义为

$$Re = \frac{uD\rho}{\mu} \tag{3.5}$$

其中，u、ρ、μ 为混合物的速度、密度、黏性系数，分别定义为

$$\rho = \beta \rho_w + (1-\beta)\rho_o \tag{3.6}$$

$$\mu = \beta \mu_w + (1-\beta)\mu_o \tag{3.7}$$

经过几圈离心分离后，外侧含水率较高，现在已制造的螺旋管已在外侧正中开孔，将孔附近的混合液导出，得到的第一个孔中射流混合液的含水率为 β_1。下面用第一孔含水率增加比 $(\beta_1 - \beta)/\beta$ 作为衡量分离器分离效率的间接指标。不同螺旋管、不同油品条件下分离效率 $(\beta_1 - \beta)/\beta$ 与 Re 的关系如图 3.9 所示。

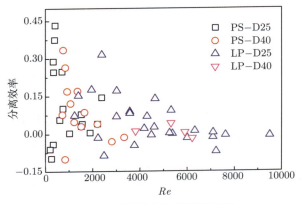

图 3.9 分离效率与雷诺数关系

由于 LP-14 白油的黏性系数比 PS 白油小，混合液的 Re 相对较大。实验结果显示，LP-14 白油的实验点基本上在 PS 白油实验点的右侧。

Re 增大的同时，管道内的湍流作用也会加剧。随着 Re 的增大，分离效率总体呈下降趋势，表明湍流脉动对分离会造成一定的影响。结果显示，PS 白油中油水分离的效果略好于 LP-14 白油。

由图 3.9 中可以看出，对于同一种实验用油，D25 管比 D40 管的分离效果更明显一些，这是由以下三点原因造成的：第一，D25 管的管径小，旋转半径也小，在相同 Re 情况下，可以产生的离心加速度较大，对于促进分离有利；第二，根据表 3.1 的计算结果，已制造的 D25 管由于管道圈数多，可以使更多小粒径的油滴分离出来，油水分离更充分；第三，按照图 3.2 可以分析出，由于油水界面的偏转程度和离心加速度大小有关，D25 管的离心加速度大，分离出来的水更靠近管壁外侧。因此，对于实验室中已采用的"外侧正中"开孔方式，D25 管具有较好的分离效果。

其中有一些实验点的分离效率为负值，这可能是由于开孔的方式导致的，我们将在下一部分仔细说明。

3.3.2 第一孔含水率降低的分析

采用本书的螺旋管油水分离方法是希望管外侧可以汇集较多的水并由管外侧的开孔导出。但在第一方案的实验中,我们将孔取在了外侧正中,而未将开孔取在含水率最高的位置。假设油水分界面为如图 3.10 所示形状,由于管内流体受到离心力的作用,管内流体的分离方向偏转 θ。

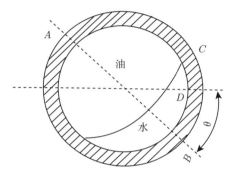

图 3.10 开孔位置对孔射流含水率的影响

$$\theta = \arctan\left(\frac{gR}{u^2}\right) \tag{3.8}$$

若用开孔位置 D 在弧 BCA 上的位置 θ/π 表示这个角度,则 $0 < \theta/\pi < 0.5$。

我们认为,管内混合液应在所受合力的方向上逐渐分离,并形成由低含水率区 (A) 向高含水率区 (B) 过渡的趋势,而油水分界面上含水率保持不变,则 C 点含水率为混合物含水率 β。

如果混合液含水率较低,使得 C 点位于开孔位置 D 的下方,那么就会导致射流中含水率小于混合物含水率 β。

根据分析可知:$\beta = 0$ 时,C 点和 B 点重合;$\beta = 1$ 时,C 点与 A 点重合;$\beta = 0.5$ 时,C 点在弧 ACB 的正中。因此,在实验分析中,可粗略地用 β 的值表示 C 点在弧 ACB 上的位置。

因此,$\beta - \theta/\pi < 0$,表示开孔位置 D 在油较多的位置,$(\beta_1 - \beta)/\beta < 0$。

由于 PS 白油在 D25 管中的 Re 较低,管内流动比较稳定,因此取此实验结果分析。D25 管中 $\beta - \theta/\pi$ 与分离效率 $(\beta_1 - \beta)/\beta$ 的关系如图 3.11 所示,图中横坐标为 $\beta - \theta/\pi$ 的值,纵坐标为 $(\beta_1 - \beta)/\beta$ 的值。

从图中可以看出,开孔位置不合理会导致螺旋管分离效率降低。因此,必须按照管截面油水分布选择合适的开孔位置。

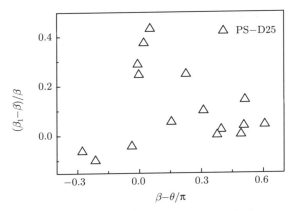

图 3.11　分离效率负值产生的机理验证

3.3.3　整体螺旋管分离器的分离效率分析

带孔螺旋管是高效分离器的主要部件，出口及孔射流的出液性质直接反映分离效率。实验所用的两种螺旋管，均在出口附近三圈的管壁外侧正中开孔。D40 管每圈 12 孔，孔径 5mm；D25 管每圈 11 孔，孔径由下至上为 3mm、4mm、5mm。我们对每排孔及出口取样，测定出液的含水率和流量。图 3.12 为典型的实验结果，左边取自 D40 管，右边取自 D25 管。

部分代表性的实验结果如表 3.6 所示。表中，1 排、2 排、3 排的流量及含水率表示由下至上 3 排孔取样的结果。

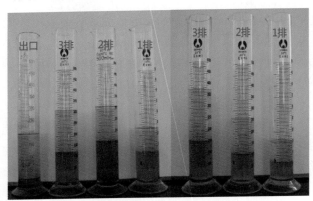

图 3.12　不同管路中螺旋管内取样

第 1 组结果中，由于 LP-14 白油黏度小，管道流速高，管内的流态不利于分离，加上孔口射流扰动，整个过程中含水率变化都很小，表明管内油水分离效果不好。

3.4 螺旋管多相分离数值计算

表 3.6 带孔螺旋管部分结果

序号	实验用油	螺旋管	入口流速/(m/s)	流量/(m³/h)		含水率				
				入口	出口	入口	1排	2排	3排	出口
1	LP-14	D40	1.59	7.18	4.83	0.644	0.649	0.637	0.676	0.642
2	LP-14	D25	3.08	5.45	0.63	0.431	0.462	0.440	0.396	0.338
3	PS	D40	1.16	5.24	0.01	0.466	0.523	0.508	0.382	0.098
4	PS	D25	0.78	1.37	0.00	0.398	0.547	0.436	0.217	—

第 2 组结果中，流速也较高，但由于离心力很大，约为 $7g$，分离速度加快，含水层偏向孔口。因此，出口混合液含水率下降较多，约为 22%。

第 3 组结果中，由于管壁开孔数量多，孔径大，因此管内流速下降很快，出口虽然含水率下降了 80%，仅为 0.098，但流量只有 0.01m³/h。这样的处理量显然是不能满足工程要求的。

第 4 组结果中，入口流量较低，管内混合液无法流到螺旋管出口。但在最上排的孔中取样，含水率下降了 45%。

以上分析表明，现已制造的螺旋管分离器有一定的分离效果，分离效率受入口条件和管道结构影响很大：由于开孔方向不太合理，孔的数量太多而且孔径太大，导致大量的油随水一起从孔中流出，有时甚至在出口没有混合液流出。

因此，在结构修正中，结合加工工艺，应优先考虑缩小管道旋转半径以提高离心力；还要适当减少开孔数量，减小孔径；并根据分析和计算确定合适的开孔方向。

3.4 螺旋管多相分离数值计算

3.4.1 基本方程

用 Euler-Euler 法描述多相流时，各相都需单独满足质量守恒、动量守恒和能量守恒关系，通常称为分相流模型。

分相流模型是把多相流动看成各相分开的流动，介质参数分别取各自独立的物性参数。为此，需要分别建立各相的流体动力特性方程，并预先确定各相占有过流段面的份额(体积含率或截面含率)以及介质与管壁的摩擦阻力和各相介质之间的摩擦阻力。目前，这些数据主要是利用实验找出经验关系式[2,3]。

分相流模型的基本假设为：各相介质分别有各自的平均流速；相间处于热力学平衡状态，压力、密度等均为单值函数。

q 相的总体积 V_q 定义为

$$V_q = \int_V \alpha_q \mathrm{d}V \tag{3.9}$$

其中，

$$\sum_{q=1}^{n} \alpha_q = 1 \tag{3.10}$$

n 为多相流动相的个数。q 相的有效密度为

$$\hat{\rho}_q = \alpha_q \rho_q \tag{3.11}$$

式中，ρ_q 是 q 相的物理密度。

1. 通用形式的守恒方程

q 相的质量守恒方程为

$$\frac{\partial}{\partial t}(\alpha_q \rho_q) + \nabla \cdot (\alpha_q \rho_q \boldsymbol{v}_q) = \sum_{p=1}^{n} \dot{m}_{pq} \tag{3.12}$$

其中，$\boldsymbol{v}_q$ 是 q 相的流动速度；$\dot{m}_{pq}$ 表示从 p 相到 q 相的质量传递。根据质量守恒，不难得到

$$\dot{m}_{pq} = -\dot{m}_{qp} \tag{3.13}$$

$$\dot{m}_{pp} = 0 \tag{3.14}$$

由 q 相的动量平衡得到其动量守恒方程为

$$\begin{aligned}\frac{\partial}{\partial t}(\alpha_q \rho_q \boldsymbol{v}_q) + \nabla \cdot (\alpha_q \rho_q \boldsymbol{v}_q \boldsymbol{v}_q) \\ = -\alpha_q \nabla p + \nabla \cdot \bar{\bar{\tau}}_q + \sum_{p=1}^{n}(\boldsymbol{R}_{pq} + \dot{m}_{pq}\boldsymbol{v}_{pq}) \\ + \alpha_q \rho_q (\boldsymbol{F}_q + \boldsymbol{F}_{\text{lift},q} + \boldsymbol{F}_{\text{vm},q})\end{aligned} \tag{3.15}$$

式中，$\bar{\bar{\tau}}_q$ 是 q 相的应力张量，且

$$\bar{\bar{\tau}}_q = \alpha_q \mu_q (\nabla \boldsymbol{v}_q + \nabla \boldsymbol{v}_q^{\text{T}}) + \alpha_q \left(\lambda_q - \frac{2}{3}\mu_q\right) \nabla \cdot \boldsymbol{v}_q \bar{\bar{I}} \tag{3.16}$$

其中，μ_q 和 λ_q 分别是 q 相的剪切系数和体积黏性系数；$\boldsymbol{F}_q$ 是体积力；$\boldsymbol{F}_{\text{lift},q}$ 是升力；$\boldsymbol{F}_{\text{vm},q}$ 是附加质量力；$\boldsymbol{R}_{pq}$ 相间作用力；p 是各相共享的压力。

$\boldsymbol{v}_{pq}$ 是相间速度，定义如下：如果 $\dot{m}_{pq} > 0$(即 p 相的质量被传递到 q 相)，$\boldsymbol{v}_{pq} = \boldsymbol{v}_p$；如果 $\dot{m}_{pq} < 0$(即 q 相的质量被传递到 p 相)，则 $\boldsymbol{v}_{pq} = \boldsymbol{v}_q$，且 $\boldsymbol{v}_{pq} = \boldsymbol{v}_{qp}$。

3.4 螺旋管多相分离数值计算

必须给出相间作用力 $\boldsymbol{R}_{pq}$ 的表达式，方程 (3.15) 才能封闭。该力依赖于摩擦、压力、内聚力的影响，且必须满足 $\boldsymbol{R}_{pq} = -\boldsymbol{R}_{qp}$ 和 $\boldsymbol{R}_{qq} = 0$。为了描述相间作用力，最常用的方法是引入相间交换系数，从而将相间作用力表示成下面的形式：

$$\sum_{p=1}^{n} \boldsymbol{R}_{pq} = \sum_{p=1}^{n} K_{pq}(\boldsymbol{v}_p - \boldsymbol{v}_q) \tag{3.17}$$

式中，$K_{pq}(=K_{qp})$ 是相间动量交换系数。

对液–液多相流，每个二次相都假定为液滴，相间交换系数可以写成下面的通用形式：

$$K_{pq} = \frac{\alpha_p \rho_p f}{\tau_p} \tag{3.18}$$

其中，τ_p 是液滴弛豫时间，定义为

$$\tau_p = \frac{\rho_p d_p^2}{18\mu_q} \tag{3.19}$$

式中，d_p 是 p 相的液滴直径；f 是阻力函数，具体形式取决于不同的交换系数模型。两相流数值计算中常用的计算模型为 Morsi and Alexander (M-A) 模型和对称模型 (symmetric)。

(1) M-A 模型 [4]：

$$f = \frac{C_D Re}{24} \tag{3.20}$$

对于原始相 q 和二次相 p，相对 Reynolds 数的定义是

$$Re = \frac{\rho_q |\boldsymbol{v}_p - \boldsymbol{v}_q| d_p}{\mu_q} \tag{3.21}$$

对于二次相 p 和 r，则为

$$Re = \frac{\rho_{rp} |\boldsymbol{v}_r - \boldsymbol{v}_p| d_{rp}}{\mu_{rp}} \tag{3.22}$$

其中，μ_{rp} 是相 p 和 r 的混合黏性。

$$\mu_{rp} = \alpha_p \mu_p + \alpha_r \mu_r \tag{3.23}$$

该模型中阻力系数表示为

$$C_D = a_1 + \frac{a_2}{Re} + \frac{a_3}{Re^2} \tag{3.24}$$

其中，a_1, a_2, a_3 定义如下：

$$a_1, a_2, a_3 = \begin{cases} 0, 18, 0, & 0 < Re < 0.1 \\ 3.690, 22.73, 0.0903, & 0.1 < Re < 1 \\ 1.222, 29.1667, -3.8889, & 1 < Re < 10 \\ 0.6167, 46.50, -116.67, & 10 < Re < 100 \\ 0.3644, 98.33, -2778, & 100 < Re < 1000 \\ 0.357, 148.62, -47500, & 1000 < Re < 5000 \\ 0.46, -490.546, 578700, & 5000 < Re < 10000 \\ 0.5191, -1662.5, 5416700, & Re \geqslant 10000 \end{cases} \quad (3.25)$$

M-A 模型是最完善的，频繁地在雷诺数的大范围内调整函数定义。

(2) 对称模型：

$$K_{pq} = \frac{\alpha_p \left(\alpha_p \rho_p + \alpha_q \rho_q \right) f}{\tau_{pq}} \quad (3.26)$$

$$\tau_{pq} = \frac{(\alpha_p \rho_p + \alpha_q \rho_q) \left(\dfrac{d_p + d_q}{2} \right)^2}{18 (\alpha_p \mu_p + \alpha_q \mu_q)} \quad (3.27)$$

$$f = \frac{C_D Re}{24} \quad (3.28)$$

$$C_D = \begin{cases} 24(1 + 0.15 Re^{0.687})/Re, & Re \leqslant 1000 \\ 0.44, & Re > 1000 \end{cases} \quad (3.29)$$

本书根据数值计算结果，通过比较 M-A 模型和对称模型，为油水分离计算选择合适的相间交换系数模型。

计算方法中可以考虑作用在二次相小液滴上的升力。对于大液滴而言，这种升力更重要。在原始相 q 中，作用在二次相 p 的升力按下式计算：

$$F_{\text{lift}} = -0.5 \rho_q \alpha_p \left| \boldsymbol{v}_q - \boldsymbol{v}_p \right| \times (\nabla \times \boldsymbol{v}_q) \quad (3.30)$$

升力 F_{lift} 将被添加到液–液两相的动量方程的右端 ($F_{\text{lift},q} = -F_{\text{lift},p}$)。

动量守恒方程中的附加质量力的计算方法如下。对于多相流，当二次相 p 相对于原始相做加速运动时，由于惯性作用，原始相会产生一个附加质量力作用在二次相上，该力的表达式为

$$F_{\text{vm}} = 0.5 \alpha_p \rho_q \left(\frac{\mathrm{d}_q v_q}{\mathrm{d}t} - \frac{\mathrm{d}_p v_p}{\mathrm{d}t} \right) \quad (3.31)$$

记号 $\dfrac{\mathrm{d}_q}{\mathrm{d}t}$ 表示相对于相 q 的质点导数,其表达式为

$$\frac{\mathrm{d}_q(\phi)}{\mathrm{d}t} = \frac{\partial(\phi)}{\partial t} + (\boldsymbol{v}_q \cdot \nabla)\phi \tag{3.32}$$

附加质量力 F_{vm} 将添加到相互作用的两相的动量方程的右端 ($F_{\mathrm{vm},q} = -F_{\mathrm{vm},p}$)。当二次相的密度比原始相的密度小得多时,附加质量力的影响是很重要的。

2. 液-液两相流的基本方程组

根据前面的守恒方程,不难得到支配油水分离两相流动的基本方程组如下。

连续方程体现为各相的组分方程,可得二次相的体积组分方程为

$$\frac{\partial}{\partial t}(\alpha_q) + \nabla \cdot (\alpha_q \boldsymbol{v}_q) = \frac{1}{\rho_q}\left(\sum_{p=1}^{n}\dot{m}_{pq} - \alpha_q \frac{\mathrm{d}_q \rho_q}{\mathrm{d}t}\right) \tag{3.33}$$

原始相的体积组分可由所有相的体积组分之和为 1 而得到。

考虑重力作用的任一相 q 的动量方程为

$$\begin{aligned}
&\frac{\partial}{\partial t}(\alpha_q \rho_q \boldsymbol{v}_q) + \nabla \cdot (\alpha_q \rho_q \boldsymbol{v}_q \boldsymbol{v}_q) \\
&= -\alpha_q \nabla p + \nabla \cdot \bar{\bar{\tau}}_q + \alpha_q \rho_q \boldsymbol{g} + \alpha_q \rho_q (\boldsymbol{F}_q + \boldsymbol{F}_{\mathrm{lift},q} + \boldsymbol{F}_{\mathrm{vm},q}) \\
&\quad + \sum_{p=1}^{n}(K_{pq}(\boldsymbol{v}_p - \boldsymbol{v}_q) + \dot{m}_{pq}\boldsymbol{v}_{pq})
\end{aligned} \tag{3.34}$$

式中,$\boldsymbol{g}$ 为重力加速度;$\boldsymbol{F}_q$ 为零;$\boldsymbol{F}_{\mathrm{lift},q}$ 和 $\boldsymbol{F}_{\mathrm{vm},q}$ 根据方程 (3.30)、(3.31) 计算。

与单相流相比,多相流的动量方程的项数多得多,进而使得多相流的湍流模拟变得极为复杂。多相流湍流模型也有多种。在 k-ε 模式的范围内主要有三种,即混合湍流模型 (mixture)、散布湍流模型和分相湍流模型 (per phase),选择的依据是所研究问题中二次相的重要性。

混合湍流模型是单相流 k-ε 模型的直接推广,可用于多相的分离、分层流以及相间密度比接近于 1 的情况。这些情况下,利用混合物特性和混合速度足以捕捉到湍流的重要特性。散布湍流模型忽略了二次相中粒子间的相互作用,因此只适用于低浓度二次相的流动。分相湍流模型是最一般的多相流湍流模型,它对每相求解 k 和 ε 的输运方程。当相间的湍动传递起主导作用时,这种湍流模型是最合适的选择[5-7]。本书选择混合 k-ε 模型来模拟油水分离是比较适合的。

描述混合模型中的 k 和 ε 的方程如下:

$$\frac{\partial}{\partial t}(\rho_m k) + \nabla \cdot (\rho_m \boldsymbol{v}_m k) = \nabla \cdot \left(\frac{\mu_{t,m}}{\sigma_k}\nabla k\right) + G_{k,m} - \rho_m \varepsilon \tag{3.35}$$

$$\frac{\partial}{\partial t}(\rho_m \varepsilon) + \nabla \cdot (\rho_m \boldsymbol{v}_m \varepsilon) = \nabla \cdot \left(\frac{\mu_{t,m}}{\sigma_\varepsilon} \nabla \varepsilon \right) + \frac{\varepsilon}{k}(C_{1\varepsilon} G_{k,m} - C_{2\varepsilon} \rho_m \varepsilon) \qquad (3.36)$$

其中混合密度 ρ_m 和速度 $\boldsymbol{v}_m$ 按以下两式计算：

$$\rho_m = \sum_{i=1}^{N} \alpha_i \rho_i \qquad (3.37)$$

$$\boldsymbol{v}_m = \frac{\sum_{i=1}^{N} \alpha_i \rho_i \boldsymbol{v}_i}{\sum_{i=1}^{N} \alpha_i \rho_i} \qquad (3.38)$$

湍流黏性系数 $\mu_{t,m}$ 的计算公式是

$$\mu_{t,m} = \rho_m C_\mu \frac{k^2}{\varepsilon} \qquad (3.39)$$

湍动能生成率 $G_{k,m}$ 为

$$G_{k,m} = \mu_{t,m} \left(\nabla \boldsymbol{v}_m + (\nabla \boldsymbol{v}_m)^{\mathrm{T}} \right) : \nabla \boldsymbol{v}_m \qquad (3.40)$$

这些方程中的常数与单相流 k-ε 模型中的相同。

3. 数值求解方法

本书利用 Fluent 程序进行油水分离计算。该程序中使用的是基于有限体积剖分的 SIMPLE 类算法[8]。

本书采用 Gambit 软件自动生成所需的体积单元。无论直管还是螺旋管，都首先在垂直管轴线 (Z 方向)、相距 ΔZ 的剖面 (圆) 内生成四边形网格，并从圆心至壁面逐步加密，以保证捕捉边界层特征；然后将各剖面的对应点相连，形成四棱柱单元。

控制方程组的每一个守恒方程都可写成相同的方程形式，即对流项＝扩散项＋源项，按照 SIMPLE 类算法，它们可以写成统一的标量形式，而后按体积单元进行离散。对任一体积单元，计算点 P 上的任一物理量 φ 的方程的一般离散形式为

$$a_P \varphi_P = a_E \varphi_E + a_W \varphi_W + a_N \varphi_N + a_S \varphi_S + a_T \varphi_T + a_B \varphi_B + b \qquad (3.41)$$

其中，a，b 为系数；下标 P 表示计算点；E、W、N、S、T、B 分别为其相邻的东、西、北、南、上、下点。

对于管道流动，计算的边界条件包括进口、出口和固壁面边界条件。进口给定所有物理量，且均匀分布；出口设为充分发展条件，即所有物理量沿流向的方向导数为零；固壁上给定黏附条件，即速度和湍流度均为零。

计算的初始条件将整个流场给定为和进口相同的物理量。

3.4.2 螺旋管多相分离数值计算结果

计算使用的螺旋管模型为：管径 0.04m，旋转半径 0.4m，螺距 0.1m，入口在下，出口在上，共六圈。计算模型和截面网格如图 3.13 所示。

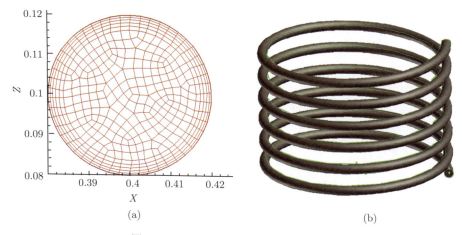

图 3.13 螺旋管的计算模型和截面网格

计算时，相间交换系数取 M-A 模型，多相湍流模式取 mixture 湍流模式。LP-14 白油的物性参数为：黏度 31mPa·s，密度 836kg/m^3。混合物中油的体积组分为 0.305，流速为 1m/s，则混合液通过管道的时间约为 15s，油滴直径设定为 0.17mm，混合物的湍流度为 5%，水力半径为 0.02m。

计算结果显示，第一圈油水混合物产生分离后，后几圈变化不大。图 3.14 给出第 1 圈末和第 5 圈末管截面油的体积组分分布。图 3.15 和图 3.16 分别为第 5 圈末截面上水和油的轴向速度等色温图及截面流线（图中右侧为管道外侧）。油的体积组分色标参见图 3.15。

由图中可以看出，由于离心分离的剪切作用以及螺旋管的特定结构尺寸的影响，对于本例中设定的 0.17mm 的小油滴，其分离的速度不及整体混合物向上和旋转运动的速度；而且，在管道截面处，分离出来的油和水都靠近管道内侧。

可见，在特定螺旋管和流场条件下，对于小粒径油滴的油水混合液，螺旋管的分离效果不是很好。因此，合理控制流场条件和螺旋管尺寸参数对于分离至关重要。

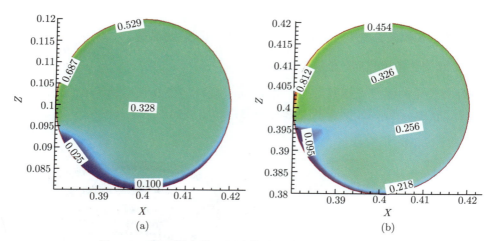

图 3.14 第 1 圈和第 5 圈末管截面油的体积组分分布图

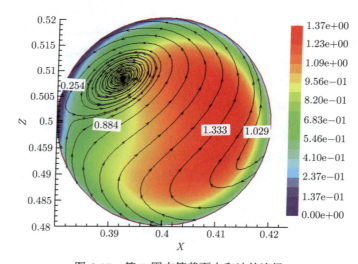

图 3.15 第 5 圈末管截面水和油的流场

图 3.16 给出将入口流速降低到 0.3m/s 时分离到第 5 圈末的体积组分分布。从图中可以看出，降低入口流速弱化了流场对分离的干扰，分离效果比较好，有明显的油层、水层聚集。

油水混合物中油滴的粒径大小满足一定的分布。3.4.1 节中的计算仅仅反映了特定工况下，螺旋管对于小油滴油水混合液分离的影响。通过实验观察，油水混合

3.4 螺旋管多相分离数值计算

物中大部分的油滴可以比较快地聚合并形成连续的油相。因此,本节分析不同粒径油滴的分离过程。

下面给出油滴直径分别为 0.3mm、2mm 的油水混合物在螺旋管中分离的结果。选取第 1 圈末和第 5 圈末两个截面作为特征截面进行分析,结果见图 3.17 和图 3.18。

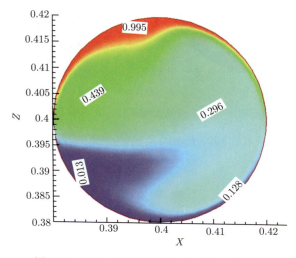

图 3.16 第 5 圈末管截面油的体积组分分布

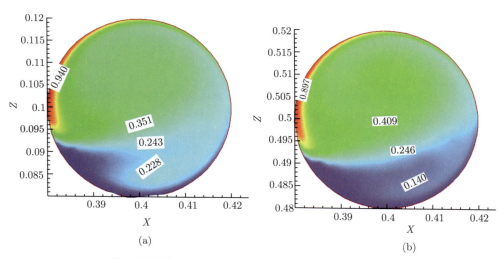

图 3.17 第 1 圈和第 5 圈末管截面油的体积组分分布 (油滴直径 0.3mm)

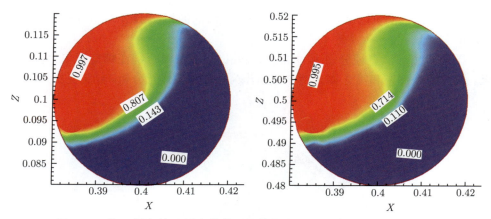

图 3.18　第 1 圈和第 5 圈末管截面油的体积组分分布 (油滴直径 2mm)

可见，螺旋管对于不同颗粒大小的油滴的分离效果是不相同的，油滴粒径越大，分离越快，效果越好。

参 考 文 献

[1] 章梓雄等. 粘性流体力学. 北京: 清华大学出版社, 1999: 97–98.

[2] Anderson T B, Jackson R. A fluid mechanical description of fluidized beds. I & EC Fundam, 1967, (6): 527–534.

[3] Bowen R M. Theory of Mixtures: Continuum Physics. New York: Academic Press, 1976: 1–127.

[4] Morsi S A, Alexander A J. An investigation of particle trajectories in two-phase flow systems. Journal Fluid Mech, 1972, 55(2): 193–208.

[5] Launder B E, Spalding D B. Lectures in Mathematical Models of Turbulence. London: Academic Press, 1972.

[6] 周永, 吴应湘, 郑之初, 刘秋生, 李清平. 油水分离技术研究之一: 直管和螺旋管的数值模拟. 水动力学研究与进展 A 辑, 2004, 19(4): 540–546.

[7] 龚道童, 吴应湘, 郑之初, 郭军, 张军, 唐驰. 变质量流量螺旋管内两相流数值模拟. 水动力学研究与进展 A 辑, 2006, 21(5): 640–645.

[8] Vandoormaal J P, Raithby G D. Enhancements of the SIMPLE method for predicting incompressible fluid flows. Heat Transfer, 1984, 7: 147–163.

第4章　T型分岔管路多相分离器

4.1　T型分岔管路多相流动的研究现状

目前，有关T型分岔管路内多相流动的研究主要是集中于气液两相流动，而有关液液两相流动的研究非常少，因此本节主要对分岔管路内气液两相流动的研究现状进行综述。

4.1.1　两相流型

研究表明，T型分岔管路内的相分配现象与入口管路内的流型有密切的关系[1]。1978年，Hong[2]对此开展了大量的实验研究，采用水平布置的等径T型分岔管路，管径为9.5mm。在波状流型和环状流型下，实验发现随着气相速度的增加或者液相速度的减小，进入分支管路内的液相比例将逐渐增大。作者认为控制液相进入分支管路的主要作用力是离心力和惯性力，这与Oranje[3]的观点是一致的。

Azzopardi和Whalley[4]研究了入口管路内气液两相流型对相分配的影响，包括环状流型、块状流型和泡状流型。研究发现，分岔接头处的相分配不均现象对气液两相流型非常敏感，块状流型和环状流型下液相进入分支管路的比例较高，泡状流型下气相由于动量较低而倾向于流入分支管路。此外，Azzopardi等[5]还对块状流型下的相分配机理进行了初步探讨。

Buell等[6]研究了低压下入口流型对相分配的影响，T型管分岔管路水平布置(主管路为水平方向布置)，管径为37.6mm，入口流型包括分层流型、波状流型、段塞流型和环状流型。作者发现，随着液相速度的增大，越来越多的气相将进入分支管路，与Rubel等[7]高压条件下水蒸气-水两相流动实验得到的结论是一致的。

在Gorp等[8]的实验中，以空气-水为实验介质，整个T型管也是水平布置，主管路和分支管路的直径分别为38.1mm和7.85mm。入口管路内的流型主要有三种：分层流型、波状流型和环状流型。研究发现，波状流型下保持气相表观流速不变，增加液相流量时气相分配比例将逐渐增大。环状流型下更为复杂，当液相比例大于0.23时，变化趋势与波状流型相一致。当液相比例低于这一数值时，增加液相流量反而会减少进入分支管路内的气相流量。

4.1.2　分支管路/主管路管径比

T型分岔管路按照管径比可以分为两类。当管径比等于1时，称为等径分岔管路；当管径比小于1时，则称为缩径分岔管路。与前者相比，有关缩径分岔管路中两相流动特性的研究相对少得多 [9-11]。

通常认为，管径比对相分配的影响表现在以下两方面：

(1) 分支管路直径减小后，气液两相经过分岔接头的时间会相应缩短；

(2) 管径比减小后，相同流量配比下分支管路内的压力会降低，驱使更多的气液两相进入分支管路。

Azzopardi[12] 实验中 T 型分岔管路的主管路直径为 38.1mm，分支管路/主管路管径比为 1/3、2/3 和 1 三种。入口管路内气液两相为分层流型和环状流型，系统压力为 1.5～3.0bar。在实验工况范围内，随着管径比的减小，更多的液相将继续沿主管路往下游流动。与此相反，Walters 等 [9] 在实验中对管径比 0.2 和 0.5 两种情况比较后发现，前者在同样运行条件下进入分支管路内的液相比例明显大于后者。

Shoham 等 [13] 发现，环状流型下管径比对相分配的影响几乎可以忽略，而分层流型下则影响显著，但是这一结论并没有得到 Azzopardi 等 [14] 实验结果的证实。

4.1.3 T 型分岔管路的管径

Wren 等 [15] 在直径为 5mm 的 T 型分岔管路上研究了段塞流型下空气-水两相流动的相分配特性。表明实验中相分配不均现象并不明显，这与 Arirachakaran[16] 的实验结果存在很大的差异。而 Mak 等 [17] 的工作则进一步表明，在小直径分岔管路中不同流型下重力对相分配的影响都比较小。

4.1.4 系统压力

绝大多数实验都是在常压或接近常压下进行的。为了研究系统压力对相分配的影响，Chien 和 Rubel[18] 在 28.6～42.4bar 压力条件下进行了气液两相流动实验，并与常压下的数据作了比较。如图 4.1 所示，气液两相的表观流速分别为 12.2m/s 和 0.158m/s，Chien & Rubel [18] 的系统压力为 28.6bar，而 Fujii 等 [19] 的数据则是

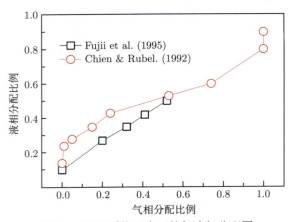

图 4.1 不同系统压力下的气液相分配图

在常压下测得的。可以看出，增加系统压力与维持液相速度不变而增大气相流速的效果是相似的，即同样气相分配比例下进入分支管路内的液相会减少。

4.2 T 型分岔管路多相分离机理

T 型分岔管路是有一重要的新型油水分离部件，其基本结构如图 4.2 所示。T 型分岔管路分离的基本原理是油水混合液在上下水平直管的流动过程中受重力作用使密度较大的水相下沉到导管道的下部，密度较小的油相上浮到直管的上部，形成油水两相的分层流动。当直管中分层的油水两相混合液达到上下 T 型分岔处时，下管上层的油相沿竖直管上升流向上水平管，而上管中下层的水相沿竖直管流向下水平管。这样通过多个 T 型分岔，上直管中流动的就是含水极少的富油相，而下直管中流动的就是含油极少的富水相，使油水混合液在上下水平管和竖直管的流动过程中实现了油水的分层和含率的动态交换，达到油水分离的目的。

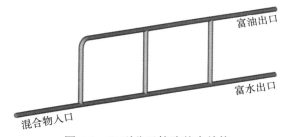

图 4.2 T 型分叉管路基本结构

4.3 分岔管路多相分离数值模拟

根据初步实验的处理液量 ($\leqslant 300\text{m}^3/\text{d}$)，并综合考虑平台的可用空间，确定 T 型多分岔管路装置的尺寸为：上、下水平管路的直径为 0.05m，垂直管路的直径为 0.04m，垂直管路的高度为 1.00m，两个垂直管路的水平间距为 1.20m，共设七根垂直管路。整个装置结构示意图如图 4.3 所示。

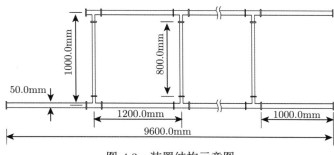

图 4.3 装置结构示意图

油水混合物的含油率稳定在 5.0%附近,油相黏度 8mPa·s。图 4.4 给出了入口流速 v_m=1.70m/s、α_{oi}=0.05 时不同流量配比下的油相含率云图。混合流量配比定义为分支管路和入口主管路内油水两相混合流量的比值。可以看出,当流量配比 F_{bi}=0.20 时,直至第七根垂直管路处在下水平管路内仍然有相当一部分油相存在。随着流量配比的增加,更多的油相经过前面几根垂直管路进入到了上水平管路内,因而下水平管路内的含油率会逐渐降低。相应地,当流量配比 F_{bi} 增加后,可以看出上水平管路出口处的含油率是在明显下降的,这一点将在下面进一步解释。

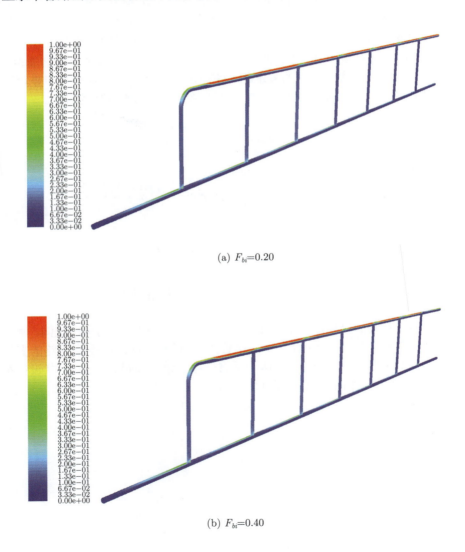

(a) F_{bi}=0.20

(b) F_{bi}=0.40

4.3 分岔管路多相分离数值模拟

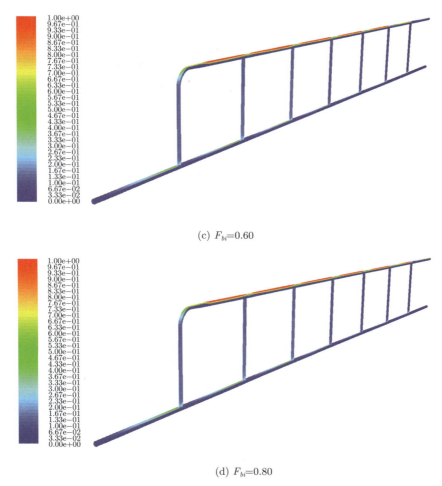

(c) $F_{bi}=0.60$

(d) $F_{bi}=0.80$

图 4.4 $v_m=1.70\mathrm{m/s}$, $\alpha_{oi}=0.05$ 时不同流量配比 F_{bi} 下的油相含率云图

在同样的入口条件下,图 4.5 给出了不同流量配比 F_{bi} 下的分离效率 η 值。可以看出,随着流量配比 F_{bi} 的增加,分离效率 η 整体上呈先上升后下降的变化趋势。对这种变化趋势的解释如下:当入口管路内的油水混合物经过分岔接头时,油相由于动量较低且通常分布在管路截面上方,因此更易于通过垂直管路进入上水平管路。在最理想的情况下,若入口管路内为光滑分层流型且油水界面绝对水平,那么当流量配比 F_{bi} 等于入口含油率 α_{oi} 时,油水两相应该得到完全分离,即上水平管路出口处全部为油相、下水平管路出口处全部为水相,分离效率 $\eta=100\%$。实际情况当然要复杂得多,因此分离效率最大值通常在 $F_{bi} > \alpha_{oi}$ 条件下取得,例如图 4.4 中入口含油率为 $\alpha_{oi}=0.05$,而分离效率 η 是在 $F_{bi}=0.20$ 附近达到最大值

53.92%，此时几乎所有的油相都已经进入上水平管路。随着流量配比 F_{bi} 的进一步增加，由于油相比例 F_o 已经接近于 1，因而增幅非常有限，相比之下水相比例 F_w 仍有较大的增长空间，分离效率逐步减小，并且在 $F_{bi} > 0.40$ 后下降速度明显加快。这也同时解释了图 4.5 中随着流量配比 F_{bi} 的增加，上水平管路内油相含率下降的原因。

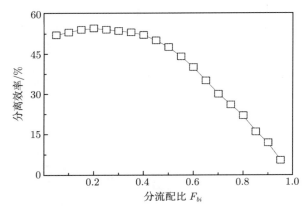

图 4.5　v_m=1.70m/s, α_{oi}=0.05 时的 F_{bi}-η 曲线

如前所述，下水平管路出口处的水中含油率 α_{or} 是此次现场试验中最为重要的指标之一，因此在数值模拟中重点对这一数据进行了计算。图 4.6 为 v_m=1.70m/s，α_{oi}=0.05 时含油率 α_{or} 随流量配比 F_{bi} 的变化关系曲线。可以看出，随着流量配比的增加，下水平管路出口处的水中含油率 α_{or} 是在逐渐下降的。当 $c = 0.50$ 时，水中含油率为 α_{or}=1588.08ppm，而当 F_{bi}=0.90 时，α_{or} 可进一步降至 50.0ppm 左右。

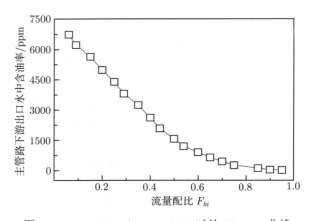

图 4.6　v_m=1.70m/s, α_{oi}=0.05 时的 F_{bi}-α_{or} 曲线

4.3 分岔管路多相分离数值模拟

由图 4.7 和图 4.8 可以看出，为了保证较高的分离效率，流量配比 F_{bi} 应该位于 0.20 附近，而从尽量降低下水平管路出口处水中含油率 α_{or} 的角度出发，流量配比 F_{bi} 则是越高越好，综合考虑后在数值模拟中取 $F_{bi}=0.40$，进一步分析了不同入口流速对分离效率 η 和含油率 α_{or} 的影响，以研究来液处理量的变化对 T 型多分岔管路分离性能的影响。在计算中，入口混合流速 v_m 为 $0.50\sim1.70\mathrm{m/s}$，对应的来液处理量为 $90.0\sim300.0\mathrm{m}^3/\mathrm{d}$。

图 4.7 给出了入口混合流速 v_m 为 $0.50\mathrm{m/s}$、$1.00\mathrm{m/s}$ 和 $1.50\mathrm{m/s}$ 三种情况下的含油率云图。可以看出，当 $v_m=0.50\mathrm{m/s}$ 时，经过第二根垂直管路后，油相就已经几乎全部进入了上水平管路，而当 $v_m=1.50\mathrm{m/s}$ 时，直至第七根垂直管路处仍有部分油相在下水平管路内出现，这一结果说明入口混合流速对油水分离效果有着非常显著的影响。

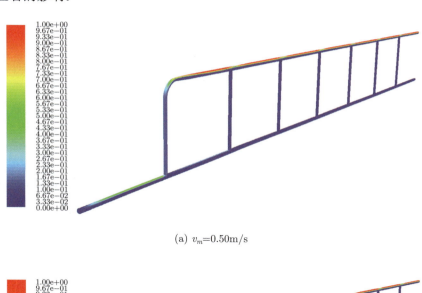

(a) $v_m=0.50\mathrm{m/s}$

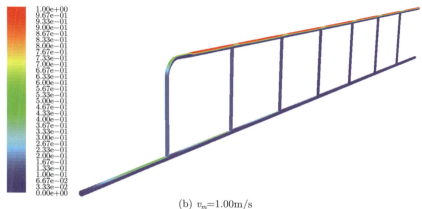

(b) $v_m=1.00\mathrm{m/s}$

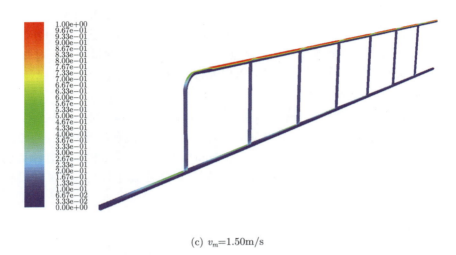

(c) v_m=1.50m/s

图 4.7 F_{bi}=0.40, α_{oi}=0.05 时不同入口流速 v_m 下的油相含率云图

图 4.8 中分别给出了不同入口流速下的 v_m-η 曲线和 v_m-α_{or} 曲线。显然，当流量配比 F_{bi} 保持 0.40 不变时，分离效率 η 随着混合流速 v_m 的增加而逐渐降低，由 v_m=0.50m/s 时的 η=63.82% 降至 v_m=1.70m/s 时的 η=51.56%。与此同时，下水平管路出口处的含油率 α_{or} 则从 40.34 ppm 快速增至 2631.49 ppm。因此，虽然与传统的重力式油水分离罐相比，T 型多分岔管路具有更高的单位体积处理能力，但是也必须与其他分离装置 (如柱形油水分离器) 配合使用，才能达到现场要求的分离指标。

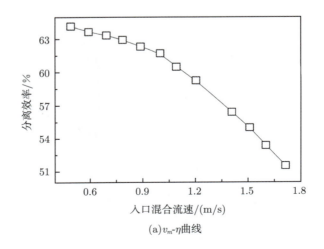

(a) v_m-η 曲线

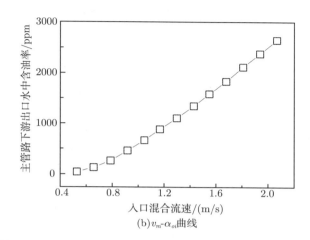

(b) v_m-α_{oi} 曲线

图 4.8　F_{bi}=0.40, α_{oi}=0.05 时不同入口混合流速 v_m 的影响

4.4　分岔管路多相分离实验研究

基于分岔管路内两相流动的复杂性，开展了室内及现场的实验研究，借助于室内实验来观察各种流动现象，并获取压力、流量、相含率等实验数据。在此基础上才能建立合理的数学模型，对不同工况下的压降损失、流量和相分配不均现象进行预测。因此，本章节分别对单分岔管路和多分岔管路内的油水两相流动开展了实验研究。

4.4.1　实验平台

本文的实验工作是在中国科学院力学研究所应用流体力学实验室的多相分离实验平台上开展的，它可以用来对气液两相、液液两相和气液液三相的流动特性和分离现象进行研究。

在进行室内实验的过程中，共建成了两套实验系统，图 4.9 和图 4.10 为多分岔管路实验装置和实验系统的流程图。

实验装置 (一) 包括三根垂直管路和六根水平管路，管路内径均为 0.05m，主要用来测量不同入口工况和运行条件下各个水平管路内的截面相含率和表观流速。所有管路均采用有机玻璃制成，便于在实验中观察油水两相的流动情况。可以看出，上、下水平管路上分别安装有两个和三个 T 型接头。

实验装置 (二) 由五根垂直管路和十根水平管路组成，管路直径均为 0.05m，所有管路均由有机玻璃制成，主要目的是在给定条件下观察水平管路和垂直管路内的油水两相流型和流动情况，可用于验证数值模拟结果的准确性和可靠性。

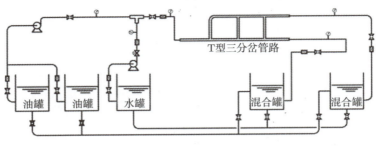

(a) 实验系统流程图

(b) 实验系统照片

图 4.9 实验装置（一）

两套实验装置都主要是由供给系统、数据采集系统和采样系统等几部分组成，下面将作简单的介绍：

1. 供给系统

在整个实验平台上，供给装置（图 4.11）主要由储油罐、储水罐、射流混合器、供气系统、水循环系统、油循环系统以及配套的管路、阀门等组成。主管路的直径为 50mm，其中水相是由德国 CHI 和丹麦 AP 系列水泵驱动，油路系统由国产 RCB 系列油泵驱动，油水配比可在 0~100% 范围内调节。实验中进行管路清扫操作的空气由意大利 Fini-BK20 空气压缩机提供，其最大工作压力为 1.0MPa，通过储气罐和调压系统后，单相时管内气体最大流速可达 50m/s。油水两相在射流混合

4.4 分岔管路多相分离实验研究

器按照一定比例充分混合后,在水平管和垂直管中可产生不同的油水流型,包括分层流型、波状流型、弹状流型和分散流型等。

(a) 实验系统照片

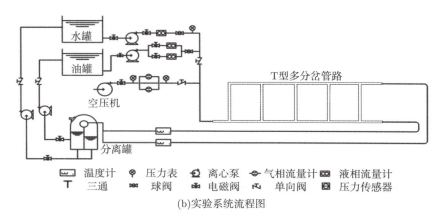

(b) 实验系统流程图

图 4.10 实验装置 (二)

实验过程中,通过油泵和水泵分别将油水两相从油罐和水罐中引入输送管路,在引射器内混合后进入实验段。经过实验段后,主管路下游出口处的液相混合物 (通常是富水混合物,water-rich mixture) 和分支管路出口处的液相混合物 (通常是富油混合物,oil-rich mixture) 分别进入两个混合罐内进行重力沉降,然后再通过泵循环回至油罐和水罐。

图 4.11 供给系统的照片

实验中，水相、油相和气相分别通过电磁流量计、涡轮流量计和质量流量计进行计量。压力和压差信号采用 CYB13 隔离式压力变送器和 CYB23 隔离式差压变送器进行测量，这两种变送器均经过精密的温度补偿、信号放大、V/I 转换，并自动将压力和压差信号转换为工业标准的 4~20 mA 信号输出，精度均优于 0.1%FS。

2. 采样系统

为了定量描述油水两相在分岔管路内的相分配现象，需要测量不同入口工况和运行条件下各个水平管段和垂直管段内的油水比例。为此，在实验装置（一）的各个 T 型接头处都安装了电磁阀装置，实验中可以通过快速关闭电磁阀门，并通过管路上专门开设的取样口将管路内的油水混合物接出来，测量后就可以得到各个管段内的油水比例数据，图 4.12 为一组工况下通过采用系统采出的油水混合物，其中白色部分为油相，深红色部分为加入高锰酸钾后的水相。

图 4.12 取样口采出的油水混合物

4.4.2 实验结果分析

1. 单分岔管路

1) 油水流型

在实验中，入口管路内的混合流速控制在 0~1.0 m/s 范围内。根据 Trallero[20] 等给出的水平管路液–液两相流型图 (图 4.13)，入口管路内油水两相绝大部分属于分层流型 (St)，少数为界面带有混合层的分层流型 (St & Mi)。图 4.14 为实验中入口管路内的油水流型，可以看出随着混合流速的增加，流型逐渐由光滑分层流型 (St) 转变为界面带有混合层的分层流型 (St & Mi)，这与 Trallero 流型图的预测结果是一致的。

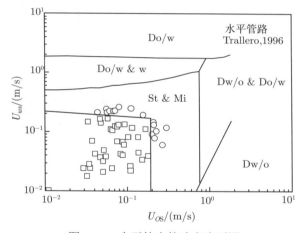

图 4.13 水平管内的油水流型图

2) 相分配比例

图 4.15 为不同入口工况下测量得到的油水相分配比例 F_o 和 F_w。可以看出，大部分工况下油相比例 F_o 和水相比例 F_w 之间有较大的差异，说明油水两相在分岔接头处发生了相分配现象。然而，当混合流速逐渐提高、含油率较高时，油相比例 F_o 和水相比例 F_w 开始接近，表明在这些工况下相分配现象逐渐变得不明显。此外，图中有三组工况下甚至出现了水相比例 F_w 高于油相比例 F_o 的情况，这说明在分岔接头处油水两相流动非常复杂，相分配现象受来流工况和分流比 F_{bi} 的影响显著。

分离效率 $\eta=0$，说明分支管路、主管路下游和入口主管路内的油水比例是相同的，即分岔接头处没有发生相分配现象；而 $\eta=100\%$ 则表明油水两相经过分岔接头后，油相完全进入分支管路，水相完全进入主管路下游，或者是水相完全进入分支管路而油相全部进入主管路下游，即油水两相发生了完全分离。实际情况通常是介于两者之间。由图 4.16 可以看出，油水两相经过单分岔管路后分离效率 η 的变化范围为 5%~30%。

光滑分层流型 (SSt)

波状分层流型 (WSt)

带有混合层的分层流型

(St & Mi)

图 4.14　入口管路内的油水流型

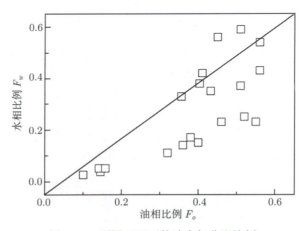

图 4.15　不同工况下的油水相分配比例

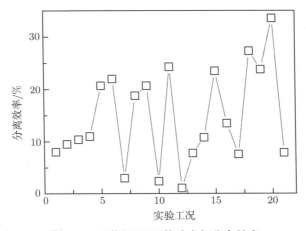

图 4.16　不同工况下的油水相分离效率

2. 多分岔管路

1) 油水流型

图 4.17 和图 4.18 为实验装置（二）中一组实验工况下上水平管路（top horizontal pipe，THP）、下水平管路（bottom horizontal pipe，BHP）和垂直管路（vertical pipe，VP）内的油水分布情况，其中入口管路内为波状分层流型。由图 4.17 可以看出，当油水混合物进入多分岔管路后，沿下水平管路第一个 T 型接头处即发生了明显的相分配不均现象，表现在与 1#上水平管路相比，1#下水平管路内的截面含油率要小得多。在此后的数次相分配中，上、下水平管路内的油水两相进一步发生相交换，下水平管路内的截面含油率明显减小，以至于在 4#下水平管路内油相仅以不连续的膜状存在于管截面顶部位置。图 4.18 中，与各个水平管路相对应，在

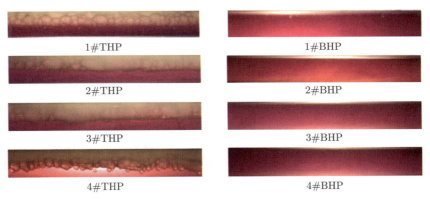

图 4.17　实验装置（二）上、下水平管路内的油水流型

1#垂直管路内油相呈大小、形状不一的块状形式，并随部分水相流入上水平管路，完成了主要的分离过程。在后续的垂直管路中，油相一般以液滴形式存在于水相之中，这些垂直管路起到了进一步提高分离效率的作用。

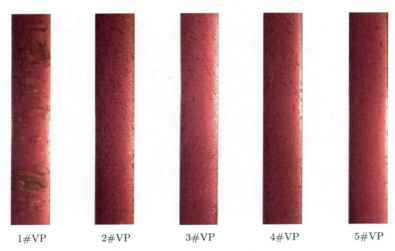

图 4.18　实验装置（二）垂直管路内的油水流型

整个实验过程中我们发现，在上、下水平管路出口处流量配比 F_{bi} 控制在合适范围内的前提下，当入口管路内混合流速较低、油水两相为分层流型 (St) 时，在前面 1~2 根垂直管路内即完成主要的分离过程，而之后的几根垂直管路起到了精细分离的作用。当入口管路内油水两相逐渐转变为带有混合层的分层流型 (St & Mi) 或者油相含率逐渐增大时，前面 1~2 根垂直管路在整个油水分离过程中所占的份额有所降低。在有些入口条件或运行工况下，甚至是中间几根垂直管路内的含油率较高，在整个油水分离过程中占据了主导位置，而最后的 1~2 根垂直管路起到了强化分离效果的作用。总体而言，与单分岔管路相比，T 型多分岔管路能够在更宽的实验范围内保持比较稳定的分离效率。

2) 相分配比例

如前所述，在实验系统（一）中安装有快关阀装置，用来测量各段水平管路内的截面相含率，据此可计算得到油水两相经过相分配后的油相比例 F_o 和水相比例 F_w。

图 4.19 给出了部分实验工况下油水两相经过二次和三次 T 型分岔节点后的相分配比例情况。此外，图中还给出了单分岔管路中的相分配比例实验数据，以更好地了解分岔次数对油水分离效果的影响。总体而言，随着分岔次数的增加，F_o-F_w 分布曲线逐渐往右下角方向移动，表明油相比例显著增大，而水相比例逐渐减小，即油水两相之间发生了明显的分离现象。如前所述，经过单分岔管路后，部分工况

4.4 分岔管路多相分离实验研究

下甚至出现了水相比例 F_w 高于油相比例 F_o 的情况,说明单个 T 型分岔管路的相分配不均现象对来流工况非常敏感,这一点与气液两相经过单分岔管路后即可发生明显分离是不同的。

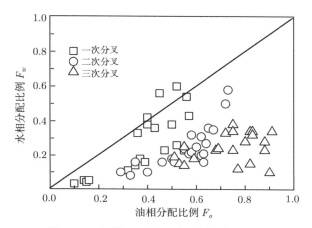

图 4.19 不同工况下的油、水相分配比例

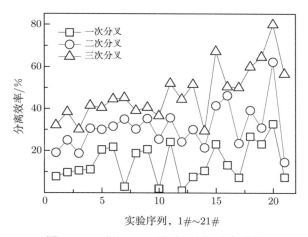

图 4.20 不同工况下的油、水相分离效率

此外,在经过二次和三次分岔后,所有工况下油相比例 F_o 都高于水相比例 F_w,不再出现 $F_w > F_o$ 的情况。因此,在对油水两相进行分离作业时,为了改善油水分离效果,可以采用多个 T 型分岔管路串联的方式,即 T 型多分岔管路。

为定量描述分岔次数对油水分离效果的影响,图 4.20 给出了部分实验工况下的分离效率 η,可以看出,经过两根垂直管路后,分离效率 η 介于 20.0%~35.0% 范围内,部分工况下超过了 60.0%;经过三根垂直管路后,分离效率 η 整体上有所上升，基本稳定在 40.0%~55.0% 范围内，最大值达到了 82.35%；作为比较，此处也给出了单根垂直管路的实验结果，可以看出油水分离效率 η 一般低于 20.0%，极少数工况下可以高于 30.0%。因此，在运行工况控制适当的前提下，增加垂直管路的数目可以明显提高油水两相的分离效率。

参 考 文 献

[1] Shoham O, Brill J P, Taitel Y. Two phase flow splitting in a tee junction-experiment and modeling. Chem. Eng. Sci., 1987, 42: 2667–2676.

[2] Hong K C. Two phase flow splitting at a pipe tee. Journal of Petroleum Technology. 1978, 30: 290–296.

[3] Oranje L. Condensate behavior in gas pipelines is predictable. Oil & Gas Journal, 1973, 71: 39–44.

[4] Azzopardi B J, Whalley P B. The effect of flow patterns on two-phase flow in a T-junction. Int. J. Multiphase Flow, 1982, 8 (5): 491–507.

[5] Azzopardi B J, Wren E. What is entrainment in vertical two-phase churn flow. Int. J. Multiphase Flow, 2004, 30: 89–103.

[6] Buell J R, Soliman H M, Sims G E. Two phase pressure drop and phase distribution at a horizontal tee junction. Int. J. Multiphase Flow, 1994, 20: 819–836.

[7] Rubel M T, Timmerman B D, et al. Phase distribution of high pressure steam water flow at a large diameter tee junction. Journal of Fluids Eng, 1988, 116: 592–598.

[8] Gorp V, Casey A, Two-phase pressure drop and phase distribution at a reduced horizontal tee junction: The effect of systempressure. Master Thesis, University of Manitoba, 1998.

[9] Walters L, Soliman H M, Sims G E. Two-phase pressure drop and phase distribution at reduced tee junction, Int. J. Multiphase Flow, 1998, 5 (24): 775–792.

[10] Reimann J, Brinkmann H J, Domanski R. Gas-liquid flow in dividing tee-junctions with a horizontal inlet and different branch orientations and diameters. Kernforschungszentrum Karlsruhe, Report KfK 4399, 1988.

[11] Ballyk J D. Dividing annular two-phase flow in horizontal T-junctions. Ph.D Thesis, McMaster University, 1988.

[12] Azzopardi B J. The effect of the side arm diameter on the two-phase flow split at a T-junction. Int. J. Multiphase Flow, 1984, 10 (4): 509–512.

[13] Shoham O, Arirachakaran S, Brill J P. Two-phase flow splitting in a horizontal reduced pipe tee. Chem. Eng. Sci., 1989, 44: 2388–2391.

[14] Azzopardi B J, Patrick L, Memory S B. The split of two-phase flow at a horizontal T-junction with a reduced diameter side arm, UKAEA Report AERE-R 13614, 1990.

参考文献

[15] Wren E, Baker G, Azzopardi B J, Jones R. Slug flow in small diameter pipes and T-junctions. Int. J. Multiphase Flow, 2005, 29: 893–899.

[16] Arirachakaran S. Two-phase slug flow splitting phenomenon at a regular horizontal side-arm tee. The University of Tulsa, 1990.

[17] Mak C Y, Omebere-Iyari N K, Azzopardi B J. The split of vertical two-phase flow at a small diameter T-junction. Chem. Eng. Sci., 2006, 61: 6261–6272.

[18] Chien S F, Rubel M T. Phase splitting of wet stream in annular flow through a horizontal impacting tee, SPE Production Engineering, 1992, 7: 368–374.

[19] Fujii T, Takenaka N, Nakazawa T, Asano H. The phase separation characteristics of a gas-liquid two-phase flow in the impacting T-junction. Proceeding of the 2nd International Conference on Multiphase Flow, Kyoto, Japan, 1995, 627–632.

[20] Trallero J L, Sarica C, et al. Oil-Water Flow Patterns in Horizontal Pipes, Ph. D. Thesis. The University of Tulsa, 1995.

第5章 柱型旋流多相分离器

5.1 概 述

旋流分离技术是利用被分离介质间存在密度差异，在旋转流场中受到的离心力不同而产生分离。国际上对旋流分离技术最早的报道是在 1886 年 O. Morse 获得了第一个旋风分离器的专利，此后旋风分离技术得到了不断的发展，并在环境保护、矿山冶金、石油化工和燃煤发电等许多行业应用广泛。旋风分离器主要用来对气固、液固进行分离，对液液分离则比较困难，主要是因为液液两相之间密度差往往较小，而且在高速旋转流场中剪切力的作用下液滴容易破碎成更细小的液滴，甚至可能发生乳化现象，使分离更加困难。1943 年美国原子能委员会的 Tepe 和 Woods 尝试用传统型水力旋流器分离乙醚与水的混合物[1]，虽然其实验表明分离结果很不理想，但这是水力旋流器用于液液分离最早的应用。1965 年 Bradley 指出互不混溶的液体在旋流器中分离像从液体中分离固体一样可行，但在传统旋流器中两相不能够得到很好的分离[2]。针对传统旋流器的结构缺陷，英国南安普敦大学 Martin Thew 教授领导的研究组研制出了双锥双入口型液液旋流分离器，并在试验过程中取得了满意的效果[3,4]。随后，Young 等[5]设计出了与双锥型具有相同的分离性能但处理量高出一倍的单锥型旋流器。液液水力旋流器的第一次商业化销售是在 1984~1985 年，而到 1985 年年底，正式在英国北海油田和澳大利亚巴氏海峡油田的海上石油开采平台使用，表明了液液水力旋流器进入工业应用阶段。1989 年我国海洋石油总公司与美国 Amoco 石油公司在南海联合开发的流花 11-1 油田开采平台上，使用旋流分离器处理含油污水，开启了液液旋流分离器在我国油田应用的先河。由于旋流分离器设备引进价格昂贵，而且针对性强，往往不能用于其他油田或者油井，因此，国内一些科研院所开始了液液旋流器的研究工作。国内无锡袁博分离工程有限公司研发的 CYL 系列高效旋流除油装置用于油田现场除油中分离效果显著[6]。

5.1.1 理论模型研究进展

随着水力旋流器的研究与应用，旋流分离理论也得到了进一步的发展，目前国内外学者根据研究提出了一些经验和半经验模型，主要包括平衡轨道理论、停留时间理论、底流拥挤理论、两相湍流理论以及其他经验模型等。平衡轨道理论最早由 Driessen 在 1951 年提出。该理论认为，颗粒在旋流器内流场运动过程中，在径向

5.1 概述

上由于受到确定的离心力、向心浮力和流体曳力共同作用,当这些力达到平衡时,颗粒会到达一个平衡轨道位置。由于不同粒径的颗粒具有不同的平衡轨道,所以该理论认为:平衡轨道处于分离面以外的颗粒将进入外旋流从底流口排出,而处于分离面以内的颗粒进入内旋流随溢流口排出。因此在对分离面的选择上非常重要。根据对分离面的位置、形状、存在区域的看法不同,平衡轨道理论中具体应用的方法有零轴包络面法、内旋流法、外旋流法和最大速度轨迹面法。对旋流器流场测试结果表明存在一个轴向速度为零的轨迹面,称为零轴速包络面。因此,经典平衡轨道理论认为零轴速包络面为颗粒分离的临界面,由此导出旋流器分离粒度公式,如 Kelsall[7]、Bradley[8]、Lilge[9] 和姚书典 [10] 等的计算式。庞学诗 [11] 从旋涡的基本性质出发推导得出在旋流器内存在最大切向速度轨迹面,并且认为最大切向速度轨迹面的位置在半径的 2/3 处,他以此面作为分离临界面确定了分离粒度。该方法经实践验证具有一定的准确性,但模型中并没有考虑进料浓度的影响,所以使用受到了一定的限制。内旋流法和外旋流法是分别把内旋流面和旋流器的周边作为分离面而导出分离粒度的计算式,如 Tarjan 公式 [12]、Trawinski 公式和波瓦洛夫公式 [13]。

最初的停留时间模型是由 Rosin 等在 1932 年提出的。将从旋流分离器入口的某一径向位置进入的颗粒径向到达器壁所需要的有效时间和实际上运动到器壁的有效时间进行了对比。Rietema[14] 在 1962 年指出粒子在旋流器内不可能在短时间内达到平衡状态,他考虑了颗粒向器壁的移动,利用在低浓度、低流量和层流状态条件下,颗粒进入旋流器后在有效停留时间内正好能到达器壁表面,由此导出分离粒度的计算式。1995 年 Wolbert 等 [15] 根据停留时间模型,以零轴速包络面为分离面,从水力旋流器内颗粒的运动轨迹出发,提出了油水分离旋流器的分离效率。停留时间模型的机理在本质上与平衡轨道模型是不同的,但在较宽的旋流器设计和运行条件下,由这两个模型计算的效率结果在数值上和变化趋势上吻合得非常好。底流拥挤理论是基于底流口处的阻塞效应而发展起来的。该理论模型首先由 Fahlstrom[16] 提出,他认为分离粒度是底流流量与进料粒度分布的函数,底流口处的拥挤效应是分离粒度的主要影响因素。根据进料颗粒粒度的 Rosin-Rammler 分布假设,可得出分离粒度的计算式,但是计算结果不是很理想。之后,Bloor 等 [17] 进行的研究结果证实了该理论的科学性。1991 年 White[18] 根据底流排挤效应,考虑了进料颗粒的粒度分布、底流口尺寸和体积浓度的影响,提出了效率曲线的计算模型,可是该模型公式过于简单,不能完全反映实际情况。底流拥挤理论在原理描述上有一定的合理性,但该模型距离实际应用还有一定的距离,需要做进一步的深入研究。

两相湍流理论着重考虑了旋流器内湍流扩散作用对分离性能的影响。Driessen 最早研究了湍流效应对旋流器的切向速度分布影响,得出湍流效应使切向速度分布曲线变得平坦，并指出可根据湍流特性来修正切向速度分布(即切向速度公式中的常数 n 值)。后来 Rietema[14] 从 N-S 方程出发推导切向速度场，并假设了湍流黏度与径向位置无关，得出湍流扩散引起了颗粒分离的结果。Schubert 和 Neesse[19] 的研究指出，较大径向湍流有可能使沉降到器壁的颗粒又向中心扩散，对分离起干扰作用，并提出了分离粒度的计算公式。由于湍流运动在旋流器内真实存在，因此在完善和发展其他理论模型时应加以考虑，才能更全面反映旋流器内流体运动规律对分离性能的影响。

旋流分离器在运行过程中其分离性能往往受到操作条件、介质物性参数和结构参数变化的影响，单纯采用传统的数学模型来描述这些参数变量与分离性能的关系是非常困难的，因此通过对工业生产实践中收集的数据或科学试验过程中测到的数据做一定的数学处理，而获得在试验或生产范围内适用的经验模型，对旋流器的结构设计和实际操作应用都有重要的意义。Dahlstrom 早在 1949 年就针对水力旋流器的实际应用给出了生产能力的经验计算公式，也是水力旋流器经验数学模型的先导。20 世纪六七十年代期间，Arterburn、Lynch、Schubert、Mular、Jull、Plitt、Doheim 等都对水力旋流器的经验数学模型做了进一步的发展，尤其是澳大利亚的 Lynch 和 Rao 利用大量水力旋流器的数据，总结出一套水力旋流器指标的经验模型，包括了产量、效率、水量分配以及分离粒度等公式[13,20]。到了 80 年代，英国的 Thew 等在大量实验数据基础上总结出了液液型水力旋流器分离性能的模型，该模型也被认为是最为详细和最为方便引用的经典模型之一。刘喜贵[21] 则在参考用于液固分离的水力旋流器分离准数模型研究的基础上，通过分析影响分离性能的各种参数，采用相似理论并结合逐步回归分析方法处理现场试验数据，建立了能反映脱油型水力旋流器分离性能的指标与其影响参数间的分离准数模型，统计检验结果表明，模型具有较高的精度。Chen 等[22] 通过分析旋流分离器内压降损失机理并结合试验数据，给出了一种计算旋流器压降的通用模型。

从上面的概述中可知，水力旋流器的理论模型和经验模型都是在一定假设的基础上建立起来的，只适用于特定条件或针对特定结构的旋流器所得到的结果，当使用条件发生变化时，模型需要做进一步的修正或者根本不适用。然而，这些模型在旋流分离器的发展历程和推广应用上都作出了积极的贡献。

5.1.2 流场研究进展

有关旋流分离器的研究报道非常多，主要集中于旋流分离器的操作参数和结构变化对分离效率、生产能力以及压降的影响，而这些研究大多都基于"黑箱"理论，即只重视结果而忽略了过程。但是，如果要对旋流器分离过程进行改善，或者需要深入了解"黑箱"理论的内部环节进而完善旋流器内部结构，那么对旋流器的流场研究就变得非常重要。因此，通过研究得到旋流器的内部流场结构对旋流器

5.1 概述

分离机理的认识、经验模型的建立以及结构优化的研究等都具有重要的意义。通过实验手段测定旋流器内流场分布情况的方法可分为接触法和非接触法两类。早在 20 世纪的六七十年代，就有学者通过毕托管测压的方法检测旋流器内的流动速度。然而，由于旋流器内流场非常复杂，毕托管的测量明显干扰了流场结构，所以对流动速度的测量结果缺乏说服力，但是日本学者藤本敏智利用毕托管测得旋流器内的静压分布得到了广泛的关注[23]。随着流动显形技术的发展，特别是激光测速技术的发展，非接触式测速方法在测量旋流器内流场结构上被越来越多的学者所采用。Kelsall[7] 最早利用光学方法系统地测定了一种结构独特的水力旋流器内切向速度和轴向速度分布，并在此基础上计算了径向速度分布情况。之后，Bradley 和 Pulling[8] 使用更为完善的流动显形技术 (示踪剂方法) 研究旋流器内的流场时，更清晰地给出了轴向零速包络面的位置，并揭示了盖顶短路流的存在。20 世纪 80 年代以来，作为一种先进的无接触测量技术 —— 激光多普勒测速 (laser doppler anemometry，LDA) 逐渐被人们所采用，这也标志着旋流器流场测速技术向快速、准确的方向发展。

液体在旋流器内的流动可分解为切向速度、轴向速度和径向速度三部分，其中切向速度最为显著，受到的研究关注度也最大。Kelsall 在透明旋流器中利用光学追踪方法对铝粉颗粒进行跟踪测量，得到了切向速度的分布规律，发现切向速度从旋流器边壁向中心不断增大，到达最大值后又迅速降低，最大切向速度的位置在旋流器溢流管内径附近。切向速度呈强制涡和准自由涡运动的组合，且满足关系式 $u_t r^n = c$。Knowles[24] 通过对 Rietema 型旋流器内流场研究表明切向速度符合 Kelsall 所提出的关系式，但是在实验中没有观察到空气柱的存在，所以得到的 n 值与 Kelsall 相差较大。此后，Dabir[25]、Luo[26]、Monredon[27]、Hwang[28]、Collantes[29] 等先后用激光多普勒测速仪 (LDA) 测定的旋流器液流切向速度分布与 Kelsall 的研究结果相似。

Kelsall 通过测定粒子在水力旋流器的运动轨迹与水平夹角后由切向速度换算得到轴向速度，其变化规律为在溢流管下方各水平面上，边壁附近的流体向下流动，速度为负值，而中心处速度向上为正值，且在靠近空气核附近向上速度最大。通过流体轴向速度为零的点组成的面称为零轴速包络面，该面呈倒锥面形状。Bradley 和 Pulling[8] 用示踪剂方法研究旋流器内的流场时，更清晰地给出了轴向零速包络面的位置和形状，与 Kelsall 的结果稍有差别，该面的锥顶与旋流器的锥顶重合，在对应高度为 $0.7D$ 截面以上，零轴速包络面为一柱形曲面，而在这个截面以下，零轴速包络面形状与 Kelsall 的基本一致，该锥形曲面与柱形包络面连接处的轴向位置就是旋流器几何结构上柱锥衔接面。褚良银等[30] 利用粒子动态分析仪研究颗粒的运动时，测量到了在旋流器溢流管下方轴向速度有细微波动，但在中心附近没有发现任何的流动方向改变现象。Monredon[27] 利用 LDA 测得旋流器的上部轴向速度分布不对称，这是由于进口为单侧切向入口造成的。Bloor 和 Ingham[31]、Dabir[25]、徐继润等[23] 对轴向速度测量的结果与 Kelsall 和 Bradley 等的结果大致相同。由于各学者实验测量时所采用的旋流器结构形状不相同，造成了测得的零轴速包络面形状也会不一致。

径向速度在旋流器的分离过程中至关重要，但是也被认为三维速度中最难进行测量。Kelsall 最早从切向速度和轴向速度的测定结果中计算得出径向速度分布，认为向内的径向速度在边壁处取得最大值，而后随着半径的减小而降低；在溢流管与边壁之间，径向速度降至零后转面向外，说明存在循环涡流；在溢流管以下区域，向内的径向流动终止于气液界面处。在较长一段时间内，Kelsall 的结论被人们所接受，直到先进的激光测速方法对径向速度测量后才发现 Kelsall 的结论是不适用的。Hsieh 和 Rajamani 采用激光测速法得到的结果与 Kelsall 截然不同[23]。总地来说，径向速度的数值随着半径的减小而增大，在靠近空气柱处急剧下降；锥段径向速度方向由边壁指向轴心，内旋流中径向速度的变化幅度比外旋流中大。李琼[32]、Fisher 和 Flack[33] 等对径向速度的测定结果与 Hsieh 相一致。造成 Kelsall 结论不适用的原因为：一是 Kelsall 所选用的旋流器结构非常特殊，二是在推导径向速度时假设液流为层流流动，而实际当中旋流器内液流呈强湍流流动状态。

5.1.3 数值模拟方法在旋流分离器中应用的研究进展

目前，旋流分离器内流场的大量研究从定性的角度已经给出了流场的大致分布情况，但还没有一个模型能够定量地阐述所有旋流分离器的流动情况。故用数学解析的方法来描述旋流分离器的流场特性具有相当重要的意义，也是旋流分离器流场研究的发展方向之一。从 20 世纪 60 年代以来，已有许多学者相继应用 N-S 方程及流体连续性方程研究了旋流器内单一流体介质的流动情况[23]。到了 80 年代以后，随着现代计算机技术的发展，数值分析方法被越来越广泛地应用在旋流器流场研究领域。在旋流分离器的数值分析研究中，选择合适的湍流模型和多相流模型非常重要，往往决定了模拟结果的可靠性。人们对于旋流器内部湍流流动的认识，经历了从各向同性湍流模型上升到各向异性湍流模型。由于湍流的复杂性，目前描述湍流流动规律的数学模型还不十分成熟。在对旋流分离器的数值模拟中，主要采用的湍流模型有标准 $\kappa\text{-}\varepsilon$ 模型[34-36]、RNG $\kappa\text{-}\varepsilon$ 模型[37-41]、代数应力模型[42-44]以及雷诺应力模型[45-51]。此外，国外学者还采用大涡模拟来对旋流器内部流场进行了数值模拟[52-54]，国内的一些学者采用非线性系统来模拟旋流器的分离效率，如采用 Monte Carlo 法、人工神经网络法等[55-57]。

标准 $\kappa\text{-}\varepsilon$ 湍流模型是建立在各向同性的涡黏性假设基础上的，而旋流分离器中强烈的湍流运动使得大尺度涡向小尺度涡的能量传递较少，导致湍流耗散率降低，因此模拟流体在旋流分离器内的湍流流动时，必须采用随流场位置及方向而改变的各向异性湍动黏性来计算。RNG κ-ε 模型是对标准 κ-ε 模型的修正,引入了湍流各向异性的特征,但是该模型在计算中只考虑了雷诺切应力的影响,而忽略了旋转流动对雷诺正应力的影响,未能完全考虑湍流的各向异性特性,应用范围仍存在局限性。代数应力模型 (algebraic stress model, ASM) 是一种基于各向异性的湍流模型,通过假设流场附近的应力输运与湍动能的输运成正比,而将雷诺应力的输运方程组改写成代数方程组,以减少雷诺应力输运方程过分复杂的特点。在旋转流动中,ASM 常会存在病态问题,因此,有学者[58]提出了介于代数应力模型 (ASM) 和雷诺应力模型 (reynolds stress model, RSM) 之间的混合模型,即部分应力分量采用 RSM 中输运方程,而其余的应力分量用 ASM 模型的代数方程。雷诺应力模型 (RSM) 完全抛弃了基于各向同性涡黏性假设,通过解雷诺应力输运方程和耗散率方程使得雷诺平均 N-S 方程封闭。而最新的大涡模拟技术 (large eddy simulation, LES) 可直接模拟各向异性湍流的大尺度涡。而在简单的湍流模型中,则要考虑小涡的影响。

Small 等[35]在描述一种定量化锥形旋流器内湍流各向异性的方法时,指出对于中等强度的旋转流动 (旋转指数大于等于 0.1) κ-ε 模型不再适用,而必须采用一种能够反映湍流各向异性特征的湍流模型。陆耀军等[41]采用了 RNG κ-ε 模型对液液旋流分离管中水相流场进行了数值模拟,并将数值预报结果与 LDV 流场测量结果对比后发现,相对于标准 κ-ε 模型来说,RNG κ-ε 模型得到的结果有所改善,但同实际测量值间还存在定性上的不合理性,因此为了更准确地对旋流分离管中强旋湍流进行预报,必须放弃基于各向同性假设的湍流模型。Hargreaves 等[43]应用代数应力模型 (ASM) 对旋流器内液体的三维流场进行了模拟,并确定了旋流器的级效率曲线,模拟计算得到的级效率曲线与实测值吻合较好。褚良银等[42]采用 ASM 对水力旋流器内湍流场进行了数值模拟,并与电阻应变式压力测定仪测试结果对比,研究表明,旋流器内湍动能分布呈两边高中间低的不对称鞍形;湍动能耗散率的分布与湍动能的分布有十分相似的规律,湍动能大的区域,湍动能耗散率也较大;溢流管端以下内旋流区域中湍流压力脉动强度以及压力相对脉动强度均很大,说明了该区域是水力旋流器内湍流能量损失严重的区域。并将计算结果与实测结果进行了比较,验证了数值模型的可靠性和适用性。Cullivan 等[46]应用 RSM 对水力旋流器进行了模拟,模拟结果显示在形成气核之前轴向压力并不是低于大气压,气核的形成也并非是由压力驱动的,而是由输运过程引起的,并从实验观察中得到了验证。Bhaskar 等[49]通过采用不同的湍流模型 (标准 κ-ε 模型、RNG κ-ε 模型和 RSM 模型) 模拟了水力旋流器内流动,并与实验进行了比较,指出在这三种湍流模型中,应用 RSM 预报的结果与实验值比较接近,误差在 4%~8%。Delgadillo 等[50]通过 RNG κ-ε 模型、RSM 和 LES 模型模拟了水力旋流器内气核的尺寸以及轴向和切向速度,得出 LES 模型较其他两种模型能够得到与实验值更相近的预测。大涡模拟在计算时间上比较可观,但是得到了更好的结果。Narasimha 等 [52] 通过 RSM 和 LES 模型预报了旋流器内的速度场和压力场以及气核直径,所得计算结果表明,LES 湍流模型能更精确地预测速度场和压力场,特别是在轴向压力上得到了明显的改进;并指出气核的形成主要是因为输运效应引起的,而不是压力效应。

近年来,通过计算机模拟方法来研究旋流器结构参数和操作参数对分离性能的影响,已被广泛地采用 [59,60]。数值模拟方法不但解决了实验手段所需消耗大量人力财力的缺点,为优化设计旋流器大大缩短了周期,而且也为旋流器的工艺计算实现模型化和程序化奠定了基础。

5.1.4 旋流器的结构

研究表明 [61] 旋流器结构对流场存在较大的影响,从而影响着分离性能,因此国内外学者对旋流器的结构展开了大量的研究工作。典型的常规水力旋流器为一柱锥形筒体结构,即上段为圆柱筒体、下段为圆锥体。针对分离介质在旋流器内部得到分离的区域认识不同,不同的学者设计出了结构不同的旋流器。一些学者认为介质在旋流器中的分离主要发生在圆锥段,而柱段只是起到了预分离的作用,这种结构的有长锥形、短柱形旋流器 [62-65];而其他的学者认为旋流器柱段长度的增加有利于使分离粒度降低、处理能力增大,因此出现了长柱形和全柱形旋流器 [66-70]。

长锥形旋流分离器的主要结构特点是下段圆锥体的圆锥角很小(一般小于25°),因此旋流器的锥段很长,也叫做小锥角旋流器。在液液分离时,由于两相液体之间的密度差较小,液滴尺寸也比较小,所以两相液体的分离要比固液分离困难得多,为了适应这一特点,液液旋流器一般都采用长锥形的结构,这样小锥角可使锥段具有相当长的长度,从而保证了足够的分离空间和分离时间。Young 等 [5] 设计了 6° 锥角的单锥形旋流器,并通过实验研究证实这类旋流器对油水分离起到良好的效果。Thew 等 [63] 在小锥角段和柱段之间增加了一锥角较大的圆锥段作为过渡,他们指出大锥段可降低旋流器的压降损失,且可以减轻由于流体剪切力引起的大液滴破碎为小液滴的程度。Thew 设计的轻质分散相液液旋流器中的小锥段锥角为 1.5°,大锥段锥角为 20°。Chu 等 [64] 在锥段结构研究中认为,与 20° 直锥段结构相比,抛物线形和螺旋线形锥段都能有效提高总分离效率。长锥形旋流器在工业上已经得到了广泛的应用,它们分离的粒度一般都很小,例如直径为 10~20mm 的小旋流器分离粒度可以低达 2μm,这种类型的小旋流器常以几根、几十根甚至上百根的形式组合在一起工作,以便提高处理能力。

在 1987 年召开的第三届国际水力旋流器学术会议上有文献介绍,旋流器筒体柱段的加长能降低分离粒度,并提高处理能力。Chu 等 [66] 通过对旋流器内固液两相流场的研究结果发现，旋流器的柱段是一个有益于固相颗粒分离的有效离心沉降区，因此他们推荐适当加长旋流器的柱段长度，以提高分离效率。Trawinsky[67]针对循环床提出了一种长柱形旋流器，发现这种结构的旋流器有助于颗粒的分级，而且由于底部中心部位的液流方向向上，可有效避免堵塞现象的发生。Bruce[68] 和 Yuan[69] 分别对全柱形旋流器进行了相应的研究报道。Bruce 研究的结构形式称为 Lakos 旋流分离器，流体经切向进入柱形旋流器顶部，形成旋转流场而得到分离，由于没有圆锥段，所以磨损很小，所需压力降降低，并且处理能力增大。Oranje[70]研究了四种结构的全柱形旋流器用来对气液进行分离，得出柱形旋流器对段塞流的捕捉效率几乎可达 100%。Gomez[71] 对柱形旋流器气液分离进行了详细的研究，总结出柱形旋流器可以用作气液两相流量计量系统、气液预分离和气液的全分离设备。这种结构的柱形气液旋流器在海上生产系统中已经得到了规模化的应用。Afanador[72] 研究了油水两相在柱形旋流器内的分离情况，结果表明柱形旋流器可用作油水两相分离设备，其分离效率可高达 90% 以上，并且随着入口油水表观流速的降低，分离效率将会更高。此后，Mathiravedu[73]、Vazquez[74] 等对柱形旋流器油水分离做了进一步的研究。正如上面所述，增加旋流器的柱段长度和减小旋流器的锥角或采用全柱形旋流器结构都可增加被分离介质在旋流器内的分离空间和停留时间，提高分离效率，但关于这方面的研究才刚起步，从旋流器的技术发展和工业应用上较传统水力旋流器都存在一定的差距，需要进行更深入、更广泛的研究。

5.2 柱形旋流分离器理论分析

油水分离用的旋流器是一种离心沉降分离设备。油水两相混合液经水平管道以切线方式进入旋流器内，产生高速旋转运动，而由于油、水两相存在密度差异，各相产生不同的离心力。重质相水在离心力作用下流向旋流器边壁，轻质相油则在旋流器中心处聚集。旋流器内的油滴处于强旋转流场中，受到剪切力的作用，易于分散成细小的液滴，甚至发生乳化现象，导致油水分离更加困难。下面对液滴在旋流器内流场中的受力情况和在剪切场中的破碎机理进行分析。

5.2.1 旋流器中分散相液滴受力分析

在油滴颗粒的所有受力中，对分离起关键作用的是径向力。油滴在旋流器内的旋转流场中，沿径向受到的主要作用力有 3 个：惯性离心力、向心浮力和流体介质阻力；此外还受到 Basset 力、视质量力、Magnus 力、Saffman 力等。

1. 惯性离心力

在旋转流场中，离心力 F_c 是作用在分散相油滴颗粒上的主要力之一。其计算

式可表达为

$$F_c = \frac{\pi}{6} d_o^3 \rho_o \frac{u_t^2}{r} \tag{5.1}$$

式中，d_o 为分散相油滴颗粒的直径；ρ_o 为分散相油滴的密度；u_t 为连续相切向速度；r 为分散相油滴颗粒径向位置半径。上面的式子表明，旋流器中油滴颗粒所受离心力与油滴的粒径 d_o、密度 ρ_o、所处位置 r 及该位置的切向速度 u_t 有关，其方向指向旋流器的器壁，使油滴颗粒远离轴心，向器壁方向运动。

2. 向心浮力

油水两相混合液在旋流器内产生旋转流动，其流场为一组合涡。根据涡流运动的特点，外部压力较高，而内部压力较低，则在径向上的流体之间存在着一压力差。这一压力差的存在产生了径向压力梯度力，也称为向心浮力。

$$F_p = \frac{\pi}{6} d_o^3 \rho_w \frac{u_t^2}{r} \tag{5.2}$$

式中，ρ_w 是连续相水的密度；F_p 的方向指向旋流器的轴心。在向心浮力的作用下，油滴向旋流器轴心运动的速度大于连续相水的速度，从而产生了油、水两相分离。

3. 流体介质阻力

当分散相油滴在旋流器内相对于连续相产生运动时，由于液体的黏性作用，油滴将受到阻力作用，其表达式为

$$F_D = \frac{C_D}{2} \rho_w A_o (u_r - v_r)^2 = \frac{C_D}{2} \rho_w A_o v_{row}^2 \tag{5.3}$$

式中，C_D 是阻力系数；A_o 是油滴颗粒的投影面积；v_{row} 是液体与油滴颗粒间的径向相对速度，$v_{row} = u_r - v_r$，单位为 m/s。

阻力系数是油滴颗粒在流体介质中的雷诺数的函数。在两相流中，阻力系数与颗粒雷诺数的典型关系式如下：

$$C_D = \begin{cases} \dfrac{24}{Re_o}, & Re_o \leqslant 0.2 \\ \dfrac{24}{Re_o}(1 + 0.15 Re_o^{0.687}), & 0.2 < Re_o \leqslant 600 \\ 0.44, & Re_o > 600 \end{cases} \tag{5.4}$$

其中，$Re_o = \rho_w d_o v_{row}/\mu_w$ 是油滴颗粒雷诺数；d_o 为油滴颗粒的直径；μ_w 为水相的黏度。颗粒雷诺数可分成三个区域，分别为 Stokes 区、过渡区和牛顿区。油滴在旋流器中的相对运动，其雷诺数一般处于 Stokes 区，因此有

$$F_D = \frac{24}{Re_o} \rho_w A_o v_{row}^2 = 3\pi \mu_w d_o v_{row} \tag{5.5}$$

4. Basset 力

颗粒在不稳定的黏性流体中运动时,将会受到流体黏性力的作用,当颗粒做变速运动时,即颗粒有相对加速度时,颗粒同流场不能很快达到稳定,而将带动一部分流体做相应的变速运动。因此,流体对颗粒的作用力不仅与当时颗粒的相对速度和相对加速度有关,而且还与在这之前的加速度历史有关,这部分力就是 Bassset 力,表示为

$$F_B = \frac{1}{4} K_B (\pi \mu_w \rho_w)^{\frac{1}{2}} d_o^2 \int_{t_0}^{t} (t-\tau)^{-\frac{1}{2}} \left[\frac{\mathrm{d}(u_r - v_r)}{\mathrm{d}t} \right] \mathrm{d}\tau \tag{5.6}$$

式中,$(t-t_0)$ 为颗粒在径向上从开始做加速运动到加速终了的运动时间;K_B 为无量纲常数,Basset 由理论计算指出 $K_B=6$。Odar 进行的实验研究指出,K_B 依赖于加速度模数 A_c,其经验公式为

$$K_B = 2.88 + 3.12 \cdot (A_c + 1)^{-3} \tag{5.7}$$

加速度模数为

$$A_c = \frac{|v_w - v_o|^2}{a_o d_o} \tag{5.8}$$

式中,a_o 为油滴颗粒的加速度。由式 (5.8) 可知,颗粒只有在黏性流体中做加速运动时才受到 Basset 力作用,且力的方向与加速度的方向相反。

油水混合液进入旋流分离器后,油滴颗粒从旋流器边壁向中心的沉降经历了启动、加速、匀速等过程,一般在颗粒加速运动的初期,Basset 力才是最重要的。在旋流器中,我们通过与流体介质阻力的比较,分析 Basset 力对油滴颗粒的影响程度。

在 Basset 力的表达式中,取 $K_B=6$,则有

$$F_B = \frac{3}{2} (\pi \mu_w \rho_w)^{\frac{1}{2}} d_o^2 \int_{t_0}^{t} (t-\tau)^{-\frac{1}{2}} \left[\frac{\mathrm{d}(u_r - v_r)}{\mathrm{d}t} \right] \mathrm{d}\tau \tag{5.9}$$

将式 (5.9) 与流体介质阻力相比较,有

$$\begin{aligned} \frac{F_B}{F_D} &= \frac{\frac{3}{2}(\pi \mu_w \rho_w)^{\frac{1}{2}} d_o^2 \int_{t_0}^{t} (t-\tau)^{-\frac{1}{2}} \left[\frac{\mathrm{d}(u_r - v_r)}{\mathrm{d}t} \right] \mathrm{d}\tau}{3\pi \mu_w d_o v_{row}} \\ &= \frac{d_o}{2\sqrt{\pi v_w}(u_r - v_r)} \int_{t_0}^{t} (t-\tau)^{-\frac{1}{2}} \left[\frac{\mathrm{d}(u_r - v_r)}{\mathrm{d}t} \right] \mathrm{d}\tau \end{aligned} \tag{5.10}$$

设 $\xi = \dfrac{\mathrm{d}(u_r - v_r)}{\mathrm{d}t} = \dfrac{u_r - v_r}{t - t_0} = $ 常数,则

$$\frac{F_B}{F_D} = \frac{d_o}{\sqrt{\pi v_w} \sqrt{t - t_0}} \tag{5.11}$$

为了比较式 (5.11) 比值的大小, 可取 $v_w = 10^{-6} \text{m}^2/\text{s}$, $d_o = 10^{-4}$m, 在 $(t - t_0) > 100$ms 后, $\dfrac{F_B}{F_D} \approx 0.178$, 而实际中 F_D 的值比计算得还要大, 因此, Basset 力较流体介质阻力小一个数量级。

5. 视质量力

当颗粒相对于流体做加速运动时, 即使流体没有黏性, 推动颗粒加速运动的力也会增加它排挤的那部分流体的动量, 使这部分流体一起做加速运动。由于流体具有惯性, 加速这部分流体的力表现为对颗粒有一个反作用力, 称为视质量力, 其方向与颗粒径向加速度方向相反。

油滴颗粒在旋流器内的运动中所排挤加速的水相质量为

$$m_w = \rho_w V_o = \rho_w \cdot \frac{4\pi}{3} r_o^3 \tag{5.12}$$

这部分水相在油滴加速运动的非惯性坐标系中所受到的惯性力为

$$F_w = m_w \boldsymbol{a}_{w-o} = \rho_w \left(\frac{4\pi}{3} r_o^3\right) \cdot \frac{\mathrm{d}(u_r - v_r)}{\mathrm{d}t} \tag{5.13}$$

在旋流器径向, 视质量力与这一惯性力成正比, 可表示为

$$F_m = K_m \frac{\pi d_o^3}{6} \rho_w \frac{\mathrm{d}(u_r - v_r)}{\mathrm{d}t} \tag{5.14}$$

式中, K_m 为一无量纲系数, 它的理论计算值为 0.5。Odar 的实验指出, K_m 亦依赖于加速度的模数 A_c, 其经验公式为

$$K_m = 1.05 - \frac{0.066}{A_c^2 + 0.12} \tag{5.15}$$

6. Magnus 力

颗粒在有横向速度梯度的流体中运动时, 由于颗粒两边的相对速度不同, 可引起颗粒产生旋转。颗粒的旋转运动会造成颗粒表面不同部分与流体相对速度的差异, 使颗粒相对速度较高的一侧流体速度增加, 压强减小, 而另一侧流体速度减小, 压强增加, 因此在颗粒两侧形成了压强差。在该压强差的作用下, 推动颗粒向流体速度较高的一侧运动。这种现象称为 Magnus 效应, 而沿颗粒表面压力的积分产生的力称为 Magnus 力, 其方向指向速度较高的一侧。

流体在旋流器中的运动属于涡流运动, 不同径向上的流体之间存在着速度差, 所以油滴颗粒在旋流器中运动时会产生自身旋转。由旋流器内的径向速度分布可知, 油滴颗粒的旋转速度以最大切向速度半径为分界线, 在分界线两侧的旋转方向相反。油水分离旋流器中油滴颗粒所受到的 Magnus 力表达式可写为[75]:

$$F_M = k \rho_w d_o^3 \omega_o v_{tow} \tag{5.16}$$

式中，k 为常系数，与油滴颗粒的大小有关；ω_o 为油滴颗粒的自身旋转角速度，rad/s；v_{tow} 为连续水相与分散相油滴之间的相对切向速度，单位为 m/s。

7. Saffman 力

Saffman 研究指出，颗粒在有速度梯度的流场中，由于两侧速度存在差异，即使颗粒不发生旋转运动也将承受横向力的作用，这一作用力称为 Saffman 力，也称为滑移-剪切升力，其大小为

$$F_L = K_{rp}(\rho_w \mu_w)^{\frac{1}{2}} \left| \frac{\partial u}{\partial y} \right|^{\frac{1}{2}} |u_w - v_o| \tag{5.17}$$

式中，K_{rp} 为常系数，其值可取为 6.46；F_L 的方向与速度梯度 $\dfrac{\partial u}{\partial y}$ 的方向一致。

油滴颗粒在旋流器内的旋转流场运动时，将会受到一个沿切向并指向轴心的滑移-剪切升力。由于旋流场中连续相的切向速度可表示为 [18]

$$u_t = Cr^{-n} \tag{5.18}$$

而分散相油滴颗粒相对于连续相的切向相对速度为 [75]

$$v_{tow} = u_t - v_t = \alpha u_t = \alpha C r^{-n} \tag{5.19}$$

式中，n 为流动特性指数，常取 0.5~0.9 的常数；常数 C 和 α 可由旋流场边界条件决定。

将式 (5.19) 和式 (5.18) 代入式 (5.17)，整理后得

$$F_L = K_{rp}\alpha(\rho_w \mu_w n)^{\frac{1}{2}} u_t^{\frac{3}{2}} \tag{5.20}$$

综上所述，油滴颗粒在旋流器内运动时，流体作用于颗粒上的力如图 5.1 所示。油滴颗粒在旋流器径向沉降过程中，阻碍其运动的力有惯性离心力、流体介质阻力、Basset 力和视质量力，而 Magnus 力和 Saffman 力的作用效果与油滴所在的位置和当地的切向速度梯度有关。因此，由牛顿第二定律可得油滴在径向上的运动方程为

$$\frac{\pi}{6}\rho_o d_o^3 \frac{\mathrm{d}v_{row}}{\mathrm{d}t} = F_c + F_p + F_D + F_B + F_m + F_M + F_L \tag{5.21}$$

将上述各力的表达式代入式 (5.21)，且根据 Basset 力的分析，可化简得

$$\frac{\mathrm{d}v_{row}}{\mathrm{d}t} = \left(\frac{\rho_w}{\rho_o} - 1\right)\frac{u_t^2}{r} - \frac{18\mu_w}{\rho_o d_o^2}(u_r - v_r) - K_m \frac{\rho_w}{\rho_o}\frac{\mathrm{d}(u_r - v_r)}{\mathrm{d}t}$$

$$- \frac{6k}{\pi}\frac{\rho_w}{\rho_o}\omega_o v_{tow} + \frac{6\alpha K_{rp}(n\rho_w \mu_w)^{\frac{1}{2}} u_t^{\frac{3}{2}}}{\pi \rho_o d_o^3} \tag{5.22}$$

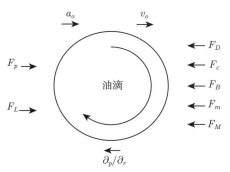

图 5.1 油滴颗粒受力分析

当油滴颗粒在旋流器径向上做等速运动时,即作用在油滴颗粒上的力达到了平衡,则有

$$\frac{\mathrm{d}v_{row}}{\mathrm{d}t}=0 \tag{5.23}$$

将式 (5.23) 代入式 (5.22) 中,即可得油滴颗粒在沿径向上的离心沉降速度表达式为

$$v_{row}=\frac{(\rho_w-\rho_o)d_o^2}{18\mu_w}\cdot\frac{u_t^2}{r}-\frac{k\rho_w d_o^2\omega_o}{3\pi\mu_w}\cdot v_{tow}+\frac{\alpha K_{rp}}{3\pi d_o}\left(\frac{n\rho_w}{\mu_w}\right)^{\frac{1}{2}}\cdot u_t^{\frac{3}{2}} \tag{5.24}$$

油滴颗粒在旋流器内发生旋转运动时,其旋转角速度即为油滴所在位置的流体速度场的涡量,有

$$\omega_o=\frac{1}{2r}\frac{\mathrm{d}}{\mathrm{d}r}(u_t\cdot r) \tag{5.25}$$

将式 (5.18)、式 (5.19) 和式 (5.25) 代入式 (5.24),可得

$$v_{row}=\frac{(\rho_w-\rho_o)d_o^2 C^2}{18\mu_w r^{2n+1}}-\frac{k\alpha\rho_w d_o^2 C^2(1-n)}{6\pi\mu_w r^{2n+1}}+\frac{\alpha K_{rp}}{3\pi d_o}\left(\frac{n\rho_w C^3}{\mu_w}\right)^{\frac{1}{2}}r^{-\frac{3}{2}n} \tag{5.26}$$

所以,油滴颗粒在旋流器径向上的沉降速度为

$$v_r=u_r+\frac{(\rho_w-\rho_o)d_o^2 C^2}{18\mu_w r^{2n+1}}-\frac{k\alpha\rho_w d_o^2 C^2(1-n)}{6\pi\mu_w r^{2n+1}}+\frac{\alpha K_{rp}}{3\pi d_o}\left(\frac{n\rho_w C^3}{\mu_w}\right)^{\frac{1}{2}}r^{-\frac{3}{2}n} \tag{5.27}$$

油滴颗粒在旋流器内流场运动时,当油滴颗粒的体积浓度超过 0.5% 后,油滴间的碰撞不产生聚结作用,那么油滴在径向上的沉降为干涉沉降[23]。在干涉沉降过程中,油滴的沉降速度将会有所变化,其变化程度与油滴颗粒的体积浓度相关。因此,油滴在旋流器内的速度需作修正,有

$$v_{hr}=v_r\varepsilon^2 f(\varepsilon) \tag{5.28}$$

式中,v_{hr} 为油滴的干涉沉降速度;v_r 为自由沉降速度;ε 为旋流器内流体的体积分数,也即水相的体积分数,其与油相体积分数的关系为 $\varepsilon=(1-\varepsilon_o)$;$f(\varepsilon)$ 为空

隙函数，常用的空隙函数形式是 Richardson-Zaki 方程：

$$f(\varepsilon) = \varepsilon^{2.65} \tag{5.29}$$

故修正后的油滴颗粒径向沉降速度为

$$\begin{aligned} v_{hr} = \varepsilon^{4.65} & \left[u_r + \frac{(\rho_w - \rho_o) d_o^2 C^2}{18\mu_w r^{2n+1}} - \frac{k\alpha \rho_w d_o^2 C^2 (1-n)}{6\pi \mu_w r^{2n+1}} \right. \\ & \left. + \frac{\alpha K_{rp}}{3\pi d_o} \left(\frac{n\rho_w C^3}{\mu_w} \right)^{\frac{1}{2}} r^{-\frac{3}{2}n} \right] \end{aligned} \tag{5.30}$$

在式 (5.30) 中，如果令 $v_{hr}=0$，则可求出一临界半径 r_c，即一定直径的油滴颗粒在旋流器中做沉降运动时存在零沉降速度的位置。当这一位置处于旋流器轴心处的内旋流场中时，认为油滴颗粒可以得到分离；而如果临界位置在旋流器外旋流场中，那么油滴不能得到分离。

在旋流器中，油滴颗粒在轴向上所受到的力对分离亦起着关键的作用。由于液液两相之间存在密度差异，重力在轴向上的作用不可忽略。在轴向上其他主要的作用力有轴向曳力和轴向浮力，其中由于旋流器中的轴向运动存在内旋流和外旋流，则造成同一种力在不同区域内的受力方向存在差异。油滴颗粒在旋流器中的分离主要发生在外旋流中，所以我们主要考察外旋流中轴向受力情况。

在外旋流中，流体沿着旋流器内壁向下流动，使油滴颗粒受到了向下的轴向曳力和重力，而此时液体的浮力作用方向向上，则有[76]

$$\begin{aligned} \frac{\pi}{6} d_o^3 \rho_o \frac{\mathrm{d}v_{zow}}{\mathrm{d}t} = & \frac{\pi}{6} (\rho_w - \rho_o) g d_o^3 + 3\pi \mu_w d_o (u_z - v_z) - \frac{\pi}{8} \alpha \rho_w C^2 d_o^3 r^{-2n+1} \\ & - \frac{\pi}{6} \rho_w g d_o^3 \left[\Delta h - \frac{u_{ro}^2 + (u_{to}^2 - u_{rw}^2) + u_z^2}{2} \right] \end{aligned} \tag{5.31}$$

与油滴颗粒在径向上沉降的分析类似，可得

$$\begin{aligned} v_{hz} = \varepsilon^{4.65} & \left[u_z + \frac{(\rho_w - \rho_o) g d_o^2}{18\mu_w} - \frac{\alpha \rho_w d_o^2 C^2 r^{-2n+1}}{24\mu_w} \right. \\ & \left. - \frac{\rho_w g d_o^2}{18\mu_w} \left(\Delta h - \frac{u_{ro}^2 + (u_{to}^2 - u_{rw}^2) + u_z^2}{2} \right) \right] \end{aligned} \tag{5.32}$$

5.2.2 旋流器中液滴破碎机理分析

1. 产生液滴破碎的原因

液液旋流分离器利用油水两相之间存在的密度差异，在旋流场中所受的离心力不同而实现两相的分离。与旋风分离器中气、固两相的大密度差相比，油、水两相之间的密度差较小，因此为了实现油水两相的有效分离，需要在旋流器内建立足够强的离心力场。在较强的离心力场中，上述分析的作用于油滴颗粒上的力会促使油滴得到更快、更有效的分离，但是随着离心力场强度的增大，旋流器内流场湍流度也随之增加，油滴颗粒所受到的湍流剪切应力相应增大，最终导致油滴颗粒发生扭曲、变形以及破碎等现象。

实际应用当中，油滴颗粒在旋流器内涡流场中的运动会产生两种效应：碰撞聚并和剪切破碎。引起油滴颗粒碰撞聚并的有布朗运动和惯性运动[77]，而油滴颗粒布朗运动的碰撞聚并对油滴尺寸的影响很小，所以在旋流器中油滴的聚并原因主要考虑油滴颗粒的惯性运动。油滴在旋流器内径向迁移过程中要发生碰撞聚并，那么油滴颗粒间必须存在相对速度才能使颗粒间产生碰撞，并且相互碰撞力能够克服油滴的表面张力。对于油滴颗粒之间碰撞力的大小，可通过改变旋流器的入口流量即改变油滴颗粒间相对速度的大小来控制[78]。随着旋流器入口流量的增大，旋流器内流体的切向速度增加，那么油滴颗粒在旋流场中的受力和相对速度都会增加，因此增强了油滴间的碰撞聚并效果。然而，增加入口流量的同时，旋流器内的湍流剪切应力也得到相应的增加。当入口流量增加到一定程度时，油滴颗粒因受到强烈的湍流剪切力作用而处于不稳定，旋流器内原有存在的较大油滴颗粒和由碰撞聚并得到的大油滴颗粒发生破碎现象，即旋流场的湍流剪切应力对油滴颗粒的破碎作用超过碰撞聚并作用。因此，当旋流器的结构参数和分离物性参数一定时，旋流器存在一个最佳操作条件范围，使旋流器的分离效果达到最佳状态，这一现象已被许多学者证实[4,79-81]。

根据旋流器里的流体湍流流动的特性，导致油滴颗粒破碎的水力学因素归结为两个方面[75,82]：

(1) 时均场的速度梯度而产生的黏性剪切力的大小；

(2) 湍流而产生的瞬时剪切力的大小和局部压力波动的强度。

在旋流器的旋转流场中，切向速度在径向上存在着速度梯度，使得处于不同流层上的各点切向速度不同，从而油滴颗粒在流场运动中受到剪切应力的作用。在旋流器中，旋流场连续相的切向速度可表示为式 (5.18) 所示，由此可得出分散相油滴颗粒所受到的剪切应力为

$$\tau = \mu_w \frac{\mathrm{d}u_t}{\mathrm{d}r} = -\mu_w n C r^{-n-1} \tag{5.33}$$

从式 (5.33) 可以看出，油滴颗粒在旋流器内所受的剪切应力与连续相水的黏度 μ_w、流动指数 n、与入口边界条件相关的参数 C 以及油滴颗粒所在的位置 r 有关。旋流器用于液液分离时，分散相液滴的剪切应力 τ 随着连续相黏度 μ 的增大而增大，即连续相介质的黏度越大，分散相液滴所受到的剪切应力就越大，液滴在运动中发生破碎的可能性也越大。

5.2 柱形旋流分离器理论分析

传统水力旋流器内两相湍流特性的实测研究结果表明[83]，在旋流器轴向、切向和径向上，湍流强度分布呈现出相同的规律，即在不同的轴向断面上都呈不同凹度的鞍形分布。在旋流器中心区的内旋流，流体的湍流度相对较低且变化比较平缓，而在外旋流 (特别是器壁附近) 和空气柱附近，流体发生剧烈的动量交换造成湍流强度明显增大，特别是空气柱侧的湍动更为剧烈。旋流器用于油水分离时，流程属于密闭系统，即旋流器出口均与其他管路相连接，所以不存在空气柱的影响。Rickwood 等[84]通过对旋流器的研究，得出了液滴发生破碎可能性最大的区域有：进口与旋流器连接部位，此处湍流强度最大；靠近旋流器器壁的边界层；稳态剪切力达到最大值处的准自由涡的内界面处和远离进口处的湍动强度最高的区域。因此，在这些湍流强度较高的区域，流体作用在液滴上的雷诺剪切应力也较大，导致液滴的破碎几率相应增高。

2. 液滴破碎的判据

液滴在湍流场中的稳定性主要取决于液滴的大小、相的物理化学性质 (如密度、黏度和表面张力等)、液滴的浓度以及局部能量的耗散[85]。一个振动的液滴，表面经受剪切力及湍流速度和压力的变化，如果连续相湍流脉动引起液滴运动的能量能够弥补单个液滴和由于破碎而产生的两个或多个小液滴之间的表面能差，那么这个液滴将处于不稳定状态。此时，液滴直径为最大稳定直径。可见，连续相湍流脉动引起液滴运动的能量 E_K 与表面能 E_S 的比值决定着液滴是否破碎，并将这一比值定义为液滴的 Weber 数，简称 We 数。而连续相湍流脉动引起液滴运动的能量 E_K 与 $\rho_w u^2(d) d^3$ 成正比，液滴的表面能 E_S 与 σd^2 成正比，故有

$$We = \frac{\rho_w u^2(d) d^3}{\sigma d^2} = \frac{\rho_w u^2(d) d}{\sigma} \tag{5.34}$$

式中，ρ_w 为连续相的密度；$u^2(d)$ 为在具有与液滴直径 d 尺寸相当的涡流中波动速度平方的平均值；σ 为液滴的表面张力。当液滴的 We 超过一定的临界值时，液滴将变得不稳定，可能发生破碎现象；相反地，当 We 低于临界值时，液滴处于稳定状态，不会发生破碎现象。

在液液旋流分离器中[86]，

$$u^2(d) = 2(\bar{\varepsilon} d_o)^{2/3} \tag{5.35}$$

式中，$\bar{\varepsilon}$ 是旋流器中单位质量的平均能耗，有

$$\bar{\varepsilon} = \frac{\pi (1-\alpha^2) D_i^2 v_i^3}{8V} \tag{5.36}$$

其中，v_i 为入口速度，D_i 为入口直径，V 为旋流器的体积。则液滴的临界 We 可

表示为

$$We_{cr} = \frac{2\rho_w d_{o,\max}^{5/3}}{\sigma}\left[\frac{\pi(1-\alpha^2)D_i^2 v_i^2}{8V}\right]^{\frac{2}{3}} \tag{5.37}$$

式中，V 为旋流器的体积。

对于理想的球形液滴，连续相湍流脉动引起液滴运动的能量为

$$E_K = \frac{\pi}{6}\rho_w d_o^3 \frac{\overline{v'^2}}{2} = \frac{\pi}{12}\rho_w d_o^3 \overline{v'^2} \tag{5.38}$$

式中，$\overline{v'^2}$ 为连续相湍流脉动而引起的液滴波动速度平方的平均值。

液滴的表面能为

$$E_S = \pi d_o^2 \sigma \tag{5.39}$$

当 $E_K > E_S$ 时，有

$$\frac{\pi}{12}\rho_w d_o^3 \overline{v'^2} > \pi d_o^2 \sigma \tag{5.40}$$

则可得液滴在旋流器内的 We 为

$$We_o = \frac{\rho_w \overline{v'^2} d}{\sigma} > 12(1+1.077 On^{1.6}) \tag{5.41}$$

因此，当旋流器内液滴的 We 大于 $12(1+1.077 On^{1.6})$ 时，液滴将会发生破碎现象。由此可知，在旋流器中油滴颗粒所能存在的最大粒径为

$$d_{o,\max} = \left(\frac{6\sigma}{\rho_w}\right)^{\frac{3}{5}}\left[\frac{\pi(1-\alpha^2)D_i^2 v_i^2}{8V}\right]^{-\frac{2}{5}} \tag{5.42}$$

油水混合液经入口管路进入旋流器后，油滴颗粒在旋流器内的沉降分离过程可由图 5.2 所示。大油滴颗粒在进入旋流器后很快就到达内旋流中，而粒径较小的油滴颗粒在轴向上运行一段距离后才能到达内旋流，其中，还有一部分更细小的油滴随着连续相水从旋流器的底流口排出，未能得到有效的分离。因此，可以直观地看出，对于进入旋流器内的油滴颗粒，只有在一定的粒径范围内才能得到有效地分离。

5.2 柱形旋流分离器理论分析

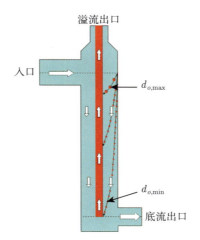

图 5.2 油滴颗粒在旋流器内的沉降过程

油滴颗粒在旋流器内的沉降过程可分为在径向和轴向上的沉降。当油滴在径向上的沉降时间小于在轴向上的沉降时间时，认为油滴颗粒能够分离。在前面的受力分析中得到了油滴颗粒在径向和轴向上的沉降速度，则油滴颗粒的沉降时间为

径向：

$$\int_0^{t_r} v_{hr}\mathrm{d}t = \int_0^{\frac{D-d}{2}} \mathrm{d}S \tag{5.43}$$

轴向：

$$\int_0^{t_z} v_{hz}\mathrm{d}t = \int_0^{H} \mathrm{d}S \tag{5.44}$$

其中，d 表示旋流器内旋流的半径。将式 (5.30)、式 (5.32) 分别代入式 (5.43) 和式 (5.44)，可得到径向沉降时间 t_r 和轴向沉降时间 t_z 为

$$\begin{aligned}t_r = \frac{D-d}{2}\varepsilon^{-4.65}&\left[u_r + \frac{(\rho_w-\rho_o)d_o^2C^2}{18\mu_w r^{2n+1}} - \frac{k\alpha\rho_w d_o^2 C^2(1-n)}{6\pi\mu_w r^{2n+1}}\right.\\ &\left.+ \frac{\alpha K_{rp}}{3\pi d_o}\left(\frac{n\rho_w C^3}{\mu_w}\right)^{\frac{1}{2}} r^{-\frac{3}{2}n}\right]^{-1}\end{aligned} \tag{5.45}$$

$$\begin{aligned}t_z = H\varepsilon^{-4.65}&\left[u_z + \frac{(\rho_w-\rho_o)g d_o^2}{18\mu_w} - \frac{\alpha\rho_w d_o^2 C^2 r^{-2n+1}}{24\mu_w}\right.\\ &\left.- \frac{\rho_w g d_o^2}{18\mu_w}\left(\Delta h - \frac{u_{ro}^2 + (u_{to}^2 - u_{rw}^2) + u_z^2}{2}\right)\right]^{-1}\end{aligned} \tag{5.46}$$

从而根据 $t_r \leqslant t_z$，可得到旋流器内油滴能够有效沉降时最小粒径 $d_{o,\min}$。

对于给定物性参数的油样，混合液进入旋流分离器后油滴颗粒的粒径分布可用 Rosin-Rammler 分布函数表示 [87]。Rosin-Rammler 分布是油滴粒径的函数，表示一定粒径颗粒的体积积分，即体积的累积。以油滴的最大直径为液滴的特征粒径，并考虑油滴的体积积分值为 0.999，则有

$$V_{\text{cum}} = 1 - \exp\left[-6.9077\left(\frac{d_o}{d_{o,\max}}\right)^{2.6}\right] \tag{5.47}$$

图 5.3 给出了旋流器内油滴的 Rosin-Rammler 分布曲线。

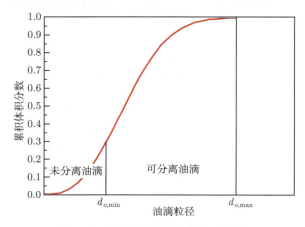

图 5.3　旋流器内油滴粒径分布曲线

5.3　柱形旋流分离器理论分析

由于两相及多相流动的复杂性，在理论机理的指导下，开展室内模拟实验来研究各种流动现象，得到两相流动的一些规律，进而获得能指导实际工程的一些基本参数。油水两相在柱形旋流器内部的流动结构非常复杂，借助于室内实验来观察各种流动现象，并获取流量、相含率、压降等实验数据，可进一步理解油水两相在旋流器内的分离过程。因此，本章主要对柱形旋流器内油水两相流动及分离特性开展了实验研究。

5.3.1　实验装置系统

本书的实验工作是在中国科学院力学研究所多相流实验平台上进行的。该平台可以用来对气液两相、液液两相或气液液三相的流动特性和分离现象进行研究。图 5.4 为实验系统平台的照片和流程示意图。

5.3 柱形旋流分离器理论分析

(a) 实验平台照片

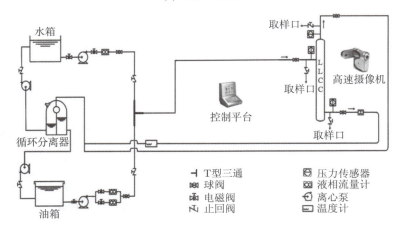

(b) 实验流程示意图

图 5.4 实验装置流程示意图

图 5.5 所示为柱形旋流器结构示意图，主要包括了水平进口管、溢流出口管、底流出口管和柱体部分。其中，水平进口管路与柱体部分垂直相交，在连接处设置楔形收缩段（收缩比为 25%，即收缩后的流通面积为管道截面面积的 25%），引导液体以切线方式进入柱体而产生旋转流动。

实验中，为了研究旋流器结构的尺度效应对分离性能的影响，分别建成了两套结构尺寸不相同的柱形旋流器，实验装置照片如图 5.6 所示。两套装置都采用有机玻璃制成，以便于实验中对油相分布规律的研究。装置一为 DN100 柱形旋流器，主要尺寸为：$D=100mm$, $D_i=100mm$, $D_o=30mm$, $D_u=60mm$, $L=1590mm$, $H=160mm$；装置二为 DN50 柱形旋流器，主要尺寸为：$D=50mm$, $D_i=50mm$,

D_o=25mm, D_u=40mm, L=900mm, H=100mm。

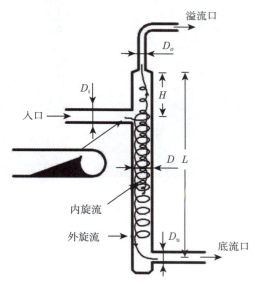

图 5.5 柱形旋流器结构示意图

(a) 装置一：DN100柱形旋流器

(b) 装置二：DN50柱形旋流器

图 5.6 柱形旋流器实验装置照片

整个实验系统主要由供给系统、数据采集系统和采样系统等几部分组成。

1. 供给系统

该供给系统主要由储水罐、储油罐、供气系统、分离罐、水循环系统以及油循

5.3 柱形旋流分离器理论分析

环系统组成。整个流程主管路均为内径为 50mm 的透明有机玻璃,管线从入口混合三通到分离器长约 30m。实验中,水相是由德国 CHI 和丹麦 AP 系列水泵驱动,油相是由国产 YG 型管道油泵驱动,油、水两相通过 T 型三通混合后进入实验管路,油水配比可在 0~100% 调节。实验后由意大利 Fini-BK20 空气压缩机提供空气对管路系统进行清扫操作,其最大工作压力为 1.0MPa,空气经储气罐和调压系统后,单相气流情况下最大流速可达 50m/s。

油、水两相按照一定比例经 T 型三通混合后进入实验段,在实验水平管路中可产生不同的流型,包括分散流、分层流和弹状流等。油水两相混合液通过 4m 长的水平段后,由切向入口进入柱形旋流器,经分离后,柱形旋流器溢流口处的液相混合物 (富油混合物) 和底流口处的液相混合物 (富水混合物) 分别进入混合罐进行沉降分离,然后油、水通过循环系统回至储油罐和储水罐,以便循环利用。

2. 数据采集系统

水相流量的计量采用 LDG 型电磁流量计,油相流量通过 LCB 系列椭圆齿轮流量计进行计量。压力信号采用 CYB13 隔离式压力变送器测量后,应用 DAQP-12H 数据采集装置进行压力信号的数据采集,采样频率为 500Hz。实验之前,对选用的压力变送器进行了标定。实验中,在柱形旋流器的水平切向进口、溢流口和底流口处布置了压力变送器。为了保证实验数据的可靠性,当改变实验工况时,在系统运行 5min 后,确保了流动相对稳定,再进行数据采集,实验中为了对采样数据的测量不确定度进行分析,在几次相同的条件下对实验系统进行数据采集,经分析后得出几次实验数据测量值的平均波动范围在 3.5% 以内。压力数据处理采用了时间平均法,即对每个测量点进行 20s 内的时间平均。流形识别和柱形旋流器内部油核的观察采用高速摄像机记录每个实验工况下的流动状态,慢镜头回放观察。

3. 采样系统

为了定量描述柱形旋流器对油水两相混合液的分离现象,需要测量在不同工况下柱形旋流器溢流口和底流口处液相混合液的油水比例。在柱形旋流器溢流出口管和底流出口管上安置取样口,实验中通过快速开启取样阀门,将管路内的液样接出来,测量后即可得到每个出口处液相混合液的油水比例数据。对于溢流口液样,采用量筒接样后静置的方法。由于底流口液样中含油率变化比较大,采用量筒和细长管标定方法结合使用,即当含油率较高时,采用量筒接样静置,而当含油率较低时,采用细长管标定方法。图 5.7 为一组工况下通过采样系统采出的底流口油水混合液体,其中白色部分为油相,无色透明部分为水相。

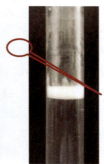

图 5.7 底流取样口采出的油水混合液

4. 实验参数范围

实验温度变化范围：19~22℃；
表观流速变化范围：水相为 0~1.25m/s，油相为 0~0.35m/s；
油水比例变化范围：0~30%；
柱形旋流器分流比变化范围：0~100%。

5. 实验介质物性

实验介质为水和白油。水相采用自来水，油相采用无色、透明的矿物油，俗称为白油。

在 20℃、0.1MPa 下，水相的物性参数：
密度：$\rho=998.2\text{kg/m}^3$；
动力黏度：$\mu=0.001\text{Pa·s}$；
表面张力：$\sigma=0.0712\text{N/m}$；

在 20℃、0.1MPa 下，油相的物性参数：
密度：$\rho=850\text{kg/m}^3$；
动力黏度：$\mu=0.215\text{Pa·s}$；
表面张力：$\sigma=0.0445\text{N/m}$。

5.3.2 实验结果及分析

1. 单相流实验

本部分实验是在柱形旋流器装置一上进行，探讨了旋流器内的单相流场压降变化规律，为油水两相实验做准备。实验中，以水为单相流体介质，在不同入口流量和分流比下得到了旋流器内的压降变化规律。

首先，在入口流量为 $2.5\text{m}^3/\text{h}$、$3.75\text{m}^3/\text{h}$、$5\text{m}^3/\text{h}$、$6.25\text{m}^3/\text{h}$ 四种工况下进行实验，以此来分析在不同流量下压降的变化关系。实验时通过调节溢流口和底流口

5.3 柱形旋流分离器理论分析

处球阀,确保实验是在相同的分流比下进行,当系统运行稳定后,通过系统控制台对旋流器入口和两个出口进行压力数据的采集。图 5.8 所示为压降与流量之间的变化关系图。从图中可以看出,在相同的分流比下,随着流量的增加,柱形旋流器的进口与溢流口之间的压差 $\Delta P_{i\text{-}o}$ 以及进口与底流口之间的压差 $\Delta P_{i\text{-}u}$ 均以抛物线形方式增大;分流比的变化对 $\Delta P_{i\text{-}o}$ 有较大的影响,而对 $\Delta P_{i\text{-}u}$ 值的影响较小,且增大分流比,$\Delta P_{i\text{-}o}$ 随之有所增加,但是 $\Delta P_{i\text{-}u}$ 却基本保持不变。从压降与流量之间的关系中可说明溢流压力损失增加的幅度大于底流压力损失增加的幅度。在旋流器结构一定的情况下,入口流量的变化直接反映了入口流速的变化,而旋流器的分离加速度由入口流速决定,即流量决定了分离加速度。在油田污水处理中,污水中的含油量一般都很小,导致了分散的油滴粒径也非常小。为了有效地处理这类低含油污水,往往是通过提高旋流器内流体的离心加速度,也即提高了旋流器的入口流量,而流量的增加带来的是压降损失的增大。所以,为了更高效地处理油田污水,需要消耗更多的能量。因此,在实际应用中应根据现场情况平衡旋流器的效率与能耗之间的关系。

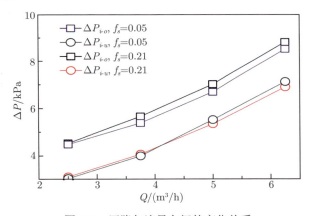

图 5.8 压降与流量之间的变化关系

图 5.9(a) 所示为一定的进口流量下,$\Delta P_{i\text{-}o}$ 和 $\Delta P_{i\text{-}u}$ 随分流比变化的曲线图。实验结果表明,随着分流比的增大,$\Delta P_{i\text{-}o}$ 逐渐上升,而 $\Delta P_{i\text{-}u}$ 呈略微下降的趋势或基本保持不变,这说明了分流比对 $\Delta P_{i\text{-}o}$ 的影响更大。在保持进口流量不变时,随着分流比的增加,底流流量降低,而溢流流量增加,这样向溢流口方向运动的流体旋转速度加快,流体的角动量增大,从而使溢流口附近的压力随之降低,表现为 $\Delta P_{i\text{-}o}$ 值逐渐变大。压降比与分流比之间的关系如图 5.9(b) 所示。从图中可以看出,随着分流比的增大,压降比 PDR 呈现出线性变化的趋势。在四种入口流量工况下,对实验数据点进行了线性回归,得到直线回归的 R^2 分别为 0.9852、0.9770、0.9841 和 0.9962,这说明在柱形旋流器中压降比与分流比呈良好的线性关系,这一变化趋

势与锥形旋流器中压降与分流比的变化关系相类似[88]。

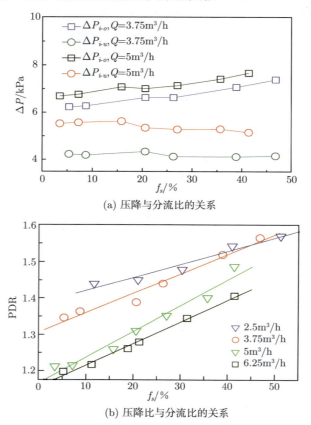

图 5.9 压降、压降比与分流比之间的变化关系

在旋流器中,雷诺数的定义为

$$Re = \frac{\rho D v}{\mu} = \frac{4\rho Q_i}{\mu \pi D} \tag{5.48}$$

式中,D 为柱型旋流器的直径;ρ 和 μ 分别是旋流器内液体的密度和动力黏度;v 是旋流器的特征速度,$v = 4Q_i/\pi D^2$。

Euler 数表征了旋流器内流体压力与惯性力的比值,其计算式为

$$Eu = \frac{\Delta P}{\rho v^2/2} = \frac{\Delta P}{\frac{\rho}{2}\left(\frac{4Q_i}{\pi D^2}\right)^2} = \frac{\pi^2 D^4 \Delta P}{8\rho Q_i^2} \tag{5.49}$$

由于旋流器中存在两个压降,即 $\Delta P_{i\text{-}o}$ 和 $\Delta P_{i\text{-}u}$,故在旋流器内有两个特征 Eu 准数,分别是底流 Eu_{under} 准数和溢流 Eu_{over} 准数。

5.3 柱形旋流分离器理论分析

相关研究表明[85]，在锥形旋流器内，Eu 与 Re 之间有如下关系式：

$$Eu = k_p \left(Re\right)^{n_p} \tag{5.50}$$

式中，k_p、n_p 为旋流器的经验常数，与旋流器的结构特征有关，可由实验确定。

根据 Eu 准数的定义式 (5.49)，可得

$$\Delta P = Eu \frac{8\rho Q_i^2}{\pi^2 D^4} = Eu \cdot (Re)^2 \cdot \frac{\mu^2}{2\rho D^2} \tag{5.51}$$

则有

$$\Delta P = \frac{k_p \mu^2}{2\rho D^2} \cdot (Re)^{2+n_p} \tag{5.52}$$

图 5.10 所示为柱形旋流器单相流场中 Eu 与 Re 之间的关系图。实验中，固定旋流器的溢流比，在四种不同的 Re 下分别得到了溢流 Eu_{over} 准数和底流 Eu_{under} 准数。从曲线图中可知，随着 Re 的增大，Eu 均逐渐减小，且当 Re 一定时，Eu_{over} 值大于 Eu_{under}，这也说明了当 Re 不变时，旋流器的溢流压降值大于底流压降值。根据式 (5.50) 给出的 Eu 与 Re 之间的关系，用实验数据进行回归，得到方程如下：

$$Eu_{\text{over}} = 2.3625 \times 10^8 \left(Re\right)^{-1.3467} \tag{5.53a}$$

$$Eu_{\text{under}} = 4.5047 \times 10^7 \left(Re\right)^{-1.2054} \tag{5.53b}$$

在上式的曲线回归中，R^2 分别为 0.9942 和 0.9967，由此可知，在柱形旋流器中 Eu 与 Re 之间的关系与锥形旋流器中相类似，均存在式 (5.50) 所表示的关系。

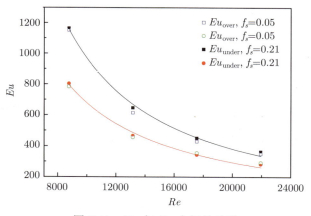

图 5.10　Eu 与 Re 之间的关系

从图 5.10 中还可以知，当旋流器的结构一定时，分流比对 Eu 的影响较小，即对于一定结构的旋流器，在分流比对压降的变化影响可忽略的情况下，可以根据式 (5.52) 计算旋流器的压降值。

2. 柱形旋流器内油核分布

实验过程中,通过调节柱形旋流器溢流口和底流口处的阀门开启大小,改变柱形旋流器的分流比。图 5.11 给出了柱形旋流器内油核形状随着分流比的变化关系。油水混合物经水平管道以切向方式进入柱形旋流器,形成高速旋转流场,产生强大离心力。由于油、水两相之间存在密度差,各相所受的离心力不同。重质相水在离心力的作用下流向旋流器边壁,而轻质相油聚集在旋流器中心部位,形成油核。实验中可以观察到,当分流比为 0 时,即进入柱形旋流器的油水混合液全部从底流口流出,虽然在旋流器内部能观察到油核,但是油核形状比较模糊,贯穿于整个柱体,此时油水两相不能得到有效分离;当增大分流比时,油核从溢流口处流出,柱体内部的油核形状清晰可见,油水混合液得到了有效分离,但在底流口液流中仍能观察到少量油滴;继续增大分流比,更多的液样从旋流器溢流口流出,旋流器内部的油核变得更加清晰,并且油核的尾部收结于旋流器的底流口上部,此时底流口液流中看不到油滴的存在;进一步增大分流比,从水平切向进口的大部分混合液携带油核一起从上面的溢流口排出,旋流管内油核呈细长状。从油核形状分布图中可以看出,柱形旋流器的分流比影响其油水分离性能。

图 5.11 油核形状随着分流比的变化关系

3. 操作参数对分离性能的影响

通常,当柱形旋流器用以处理含油污水时,即作为除油型旋流器,期望从旋流器底流口排出的液样中含油率降到最低;当柱形旋流器的用途为脱水型时,则尽量提高旋流器溢流口液样中的含油率或降低溢流含水率。由前面的阐述可知,介质经旋流器分离后,根据关心的产物不同,衡量旋流器分离性能的指标也有不同。在本

5.3 柱形旋流分离器理论分析

实验中油水混合液通过柱形旋流器分离后，我们用底流口液样中的含水率 (底流口含水率) 和溢流口液样中的含油率 (溢流口含油率) 来考察柱形旋流器的油水分离性能。

1) 分流比与油水分离性能的关系

图 5.12 所示的是柱形旋流器底流口液样中的含水率与分流比的变化关系。实验时，先固定水相表观流速，然后调节油相表观流速。在每一种水相表观流速和油相表观流速的组合中，通过调节旋流器出口处的阀门开启大小来改变分流比。水相表观流速分别为 0.354m/s、0.495m/s、0.743m/s、0.991m/s 和 1.238m/s。从图中可以看出，不同的油、水相表观流速下，底流口含水率与分流比变化关系基本相同，均呈现出随着分流比的增加，底流口含水率逐渐增大，并最终趋于稳定值。下面以水相表观流速 0.743m/s 为例加以说明。此时油相表观流速分别为 0.037m/s、0.072m/s、0.182m/s、0.282m/s 和 0.315m/s，即水平切向管入口含油率分别为 4.7%、8.8%、19.7%、27.5%和 29.8%。实验中，当分流比从 0 开始增大后，底流口液样中的含水率随之急剧上升，即适当增大分流比可有效提高柱形旋流器的油水分离性能。而当分流比增加到一定值以后，底流口液样中的含水率基本趋于 100%，此后继续增大分流比，含水率变化不显著。这说明，对于某一入口含油率的混合液，柱形旋流器对油水分离存在一个较优的分流比值。当分流比小于这一较优值时，旋流器不能对油水进行完全分离，即底流口中的液样含有一定量的油；当超过这一较优值后，分流比的增大只能将更多的清水从溢流口带出，而不能明显提高分离效率。从图中可得，当水相表观流速为 0.743m/s 时，对应的其他五种不同油相表观流速下的较优分流比值分别为 15.3%、22.5%、27.4%、37.1%和 38.5%。在实验条件下，经过柱形旋流器分离后，底流口液样中的含油率可降低到 1000ppm 以下。

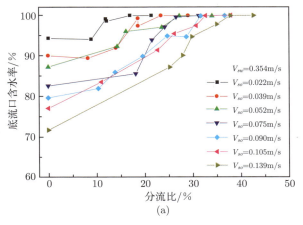

(a)

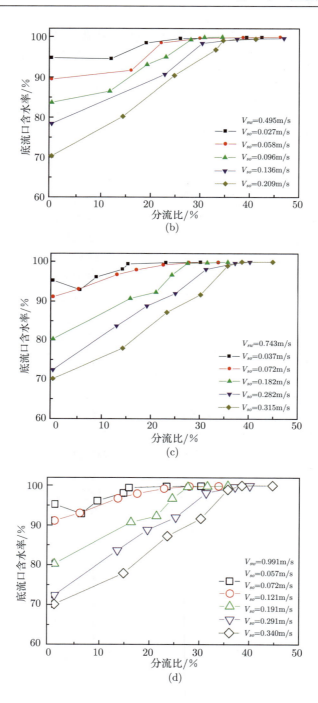

5.3 柱形旋流分离器理论分析

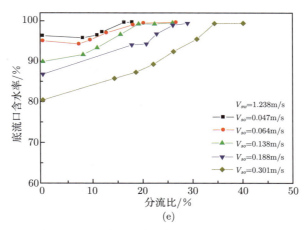

(e)

图 5.12 底流口含水率与分流比的变化关系

图 5.13 表示的是柱形旋流器溢流口中液样含油率与分流比的变化关系。从图中可以看出，在不同的水相表观流速下，分流比对溢流口含油率的影响关系是一致的。在一定的入口含油率下，随着分流比的增加，溢流口液样中的含油率出现先增加后降低的趋势。这是因为在低分流比时，混合液进入柱形旋流器体后，只有很少的一部分液体从溢流口排出，在旋流器中心形成的油核不能尽快从溢流口排出。当适当增加分流比后，有更多的液样通过溢流口排出，从而携带了更多的油核，所以随着分流比的增大，溢流口液样的含油率也随着增大。然而，当分流比增大到一定值后，继续增大分流比，并不能提高溢流口的含油率，只是将混合液中的清水更多地从溢流口排出，从而导致溢流口液样含油率的降低。从图中可知，对于一定的入口含油率，也存在着较优的分流比值。因此，在实际应用中，针对不同的入口含油条件，寻找出较优的分流比值，以此保证柱形旋流器在最佳状态下运行。

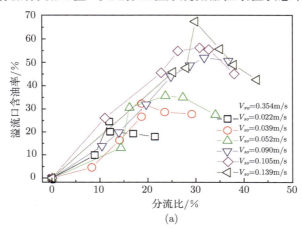

(a)

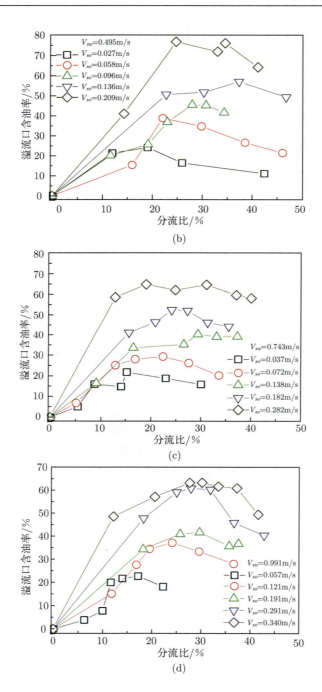

5.3 柱形旋流分离器理论分析

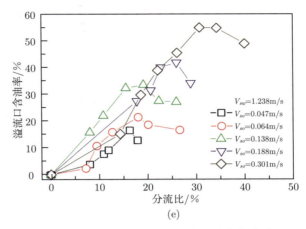

图 5.13 溢流口含油率随分流比的变化关系

2) 流量与油水分离性能的关系

当旋流器的结构一定时，入口流量决定了柱体内部液样的旋转强度。入口流量越大，液样在柱体内的旋转强度越强，即离心力就越大。图 5.14 表示的是旋流器底流口含水率随入口流量的变化关系。在实验中，固定入口油相含率和分流比时，随着入口流量的增加，柱形旋流器底流口含水率也随之增大，当流量为 5.50m³/h 时，底流口含水率达到最大值。继续增大流量，虽然柱体内部的混合液旋转离心力得到了提高，但是底流口中的含水率却下降，即旋流器的分离效率降低。这可解释为，过大的入口流量引起了较强的旋转流场，从而造成混合液中的油滴被旋转流场剪切破碎成更小的微细油滴，不利于分离。而且由于旋转流场较强，混合液中的一部分溶解气被释放出来，并在旋流器中心处聚集形成气心，进一步恶化了油水的分离。

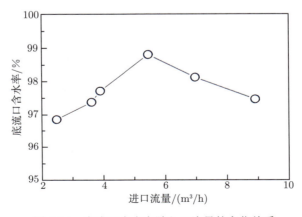

图 5.14 底流口含水率随入口流量的变化关系

5.3.3 油水分离效率的预测

柱形旋流器的分离机理是基于两相间的密度差和流体旋转流动中产生的离心力。在旋流器内部，旋转流场呈复杂的三维、非对称、两相湍流流动。油水两相在旋流器内的流动虽然遵循流体力学的基本定律，但是其控制方程非常复杂，现有流体力学理论和方法难以解决旋流器内流体运动的问题，学者们[24,31]主要采用理论与经验或半经验相结合的方法来研究旋流器内流场和分离性能等方面。

影响柱形旋流器油水分离性能的因素较多，主要包括结构参数、操作参数和物性参数三大方面。结构参数涉及柱形旋流器的具体几何结构，包括旋流器的直径、水平进液管直径、溢流口直径、底流口直径、柱体长度、切向进口面积缩比、进液管与溢流口之间的距离、旋流器柱体内壁表面粗糙度等。操作参数包括流体旋转角速度、入口含油率、分流比、入口压力、混合液油滴粒径和粒径分布等。物性参数主要是油相密度和黏性系数、水相密度和黏性系数以及油相的表面张力。这些参数共同影响着旋流器的分离性能，其中有的影响参数可以定量研究，但是有的参数只能作为定性研究。根据量纲分析原理，柱形旋流器的油水分离性能可表示为

$$(\eta, w_c, o_c) = f(D, D_{\text{inlet}}, D_{\text{over}}, D_{\text{under}}, A, L, H, \Delta, \omega, \varepsilon_o, d_o, K_o, p, f_s, \mu_w, \rho_w, \mu_o, \rho_o, \sigma, g, \cdots) \tag{5.54}$$

式中，所选定的全部影响因素的名称、符号和各因素量纲如表 5.1 所示。

在这些变量中含有 3 个独立的量纲，根据 π 定理选取适当的基本度量单位，可组成如下无量纲量和无量纲准数。

(1) 进液管与旋流器直径比：

$$\pi_1 = \frac{D_{\text{inlet}}}{D} \tag{5.55}$$

(2) 溢流口与旋流器直径比：

$$\pi_2 = \frac{D_{\text{over}}}{D} \tag{5.56}$$

(3) 底流口与旋流器直径比：

$$\pi_3 = \frac{D_{\text{under}}}{D} \tag{5.57}$$

(4) 柱体长度与旋流器直径比 (或长径比)：

$$\pi_4 = \frac{L}{D} \tag{5.58}$$

(5) 进液管高度与旋流器直径比：

$$\pi_5 = \frac{H}{D} \tag{5.59}$$

5.3 柱形旋流分离器理论分析

表 5.1 柱形旋流器分离性能的影响因素

序号	名称	符号	单位	量纲
1	柱形旋流器直径	D	m	L
2	水平进液管直径	D_{inlet}	m	L
3	溢流口直径	D_{over}	m	L
4	底流口直径	D_{under}	m	L
5	柱体长度	L	m	L
6	进液管与溢流口距离	H	m	L
7	切向进口面积缩比	A	%	1
8	柱体内表面粗糙度	Δ	m	L
9	旋转角速度	ω	1/s	T^{-1}
10	入口含油率	ε_o	%	1
11	分流比	f_s	%	1
12	入口压力	p	Pa	$ML^{-1}T^{-2}$
13	油滴粒径	d_o	m	L
14	粒径分布函数	K_o		
15	水相密度	ρ_w	kg/m³	ML^{-3}
16	水相黏性系数	μ_w	Pa·s	$ML^{-1}T^{-1}$
17	油相密度	ρ_o	kg/m³	ML^{-3}
18	油相黏性系数	μ_o	Pa·s	$ML^{-1}T^{-1}$
19	油相表面张力	σ	kg/s²	MT^{-2}
20	当地重力加速度	g	m/s²	LT^{-2}
21	分离效率	η	%	1
22	底流含水率	w_c	%	1
23	溢流含油率	o_c	%	1

(6) 进液管面积缩比：

$$\pi_6 = A \tag{5.60}$$

(7) 管壁相对粗糙度：

$$\pi_7 = \varepsilon = \frac{\Delta}{D} \tag{5.61}$$

(8) 入口含油率：

$$\pi_8 = \varepsilon_o \tag{5.62}$$

(9) 分流比：

$$\pi_9 = f_s \tag{5.63}$$

(10) 水相或油相 Euler 数：

$$\pi_{10} = Eu = \frac{p}{\rho_w D^2 \omega^2} \quad \text{或} \quad \frac{p}{\rho_o D^2 \omega^2} \tag{5.64}$$

(11) 油滴粒径与旋流器直径比:

$$\pi_{11} = \frac{d_o}{D} \tag{5.65}$$

(12) 水相或油相 Reynolds 数:

$$\pi_{12} = Re = \frac{\rho_w D^2 \omega}{\mu_w} \quad \text{或} \quad \frac{\rho_o D^2 \omega}{\mu_o} \tag{5.66}$$

(13) 油、水密度之比:

$$\pi_{13} = \frac{\rho_o}{\rho_w} \tag{5.67}$$

(14) 油相 Weber 数:

$$\pi_{14} = We = \frac{\rho_o D^3 \omega^2}{\sigma} \tag{5.68}$$

(15) 旋转离心加速度与重力加速度之比 (称为旋转强度,用 a_f 表示):

$$\pi_{15} = a_f = \frac{D\omega^2}{g} \tag{5.69}$$

于是,有

$$(\eta, w_c, o_c) = f\left(\frac{D_{\text{inet}}}{D}, \frac{D_{\text{over}}}{D}, \frac{D_{\text{under}}}{D}, A, \frac{L}{D}, \frac{H}{D}, \frac{\Delta}{D}, \varepsilon_o, \frac{d_o}{D}, K_o, Eu, f_s, Re, \right.$$
$$\left. \frac{\rho_o}{\rho_w}, We, \frac{D\omega^2}{g}, \cdots \right) \tag{5.70}$$

在实验中,对于给定结构的柱形旋流器,结构参数对分离性能的影响也是一定的,则可在上面的分析中忽略结构参数的影响。实验时选用与现场条件相类似的油品,可满足物性参数对分离性能的影响。这样,在一定的入口条件下,上式可简化为

$$(\eta, w_c, o_c) = f\left(\varepsilon_o, \frac{D\omega^2}{g}, f_s\right) \tag{5.71}$$

即旋流器的分离性能是入口含油率、旋转强度和分流比之间的函数。当混合液的入口含油率一定时,分离性能则为旋转强度 a_f 和分流比 f_s 之间的函数:

$$(\eta, w_c, o_c) = f(a_f, f_s) \tag{5.72}$$

图 5.15 所示为在相同的入口含油率下分流比与旋流器分离性能的关系。

5.3 柱形旋流分离器理论分析

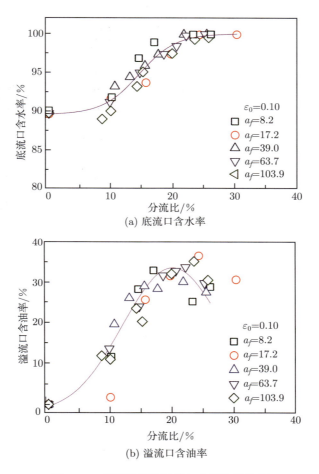

图 5.15 旋流器分离性能与分流比的关系

从图 5.16(a) 中可以看出，在不同的旋转强度下，旋流器分离性能与分流比之间变化趋势相同。随着分流比的增大，底流口含水率先缓慢增加后，开始急剧上升。当分流比到达一定值后，继续增大分流比值，含水率变化不大，趋于 100%，整条曲线呈现出 S 形状。从曲线变化关系可知，曲线形式与 Boltzmann 关系式相类似。Boltzmann 方程可写为

$$w_c = A_2 + \frac{A_1 - A_2}{1 + e^{(f_s - x_0)/dx}} \tag{5.73}$$

式中，A_1、A_2、x_0 和 dx 的值由初始条件给定。如对于 $a_f=8.2$ 时，Boltzmann 回归曲线可写成

$$w_c = 99.959 - \frac{9.899}{1 + e^{(f_s - 13.039)/1.865}} \tag{5.74}$$

式 (5.74) 即表示在入口含油率一定的情况下旋流器内旋转强度为 8.2 时，底流口含水率与分流比之间的变化关系曲线。类似地，可得其他条件下的底流口含水率变化曲线。图 5-16(a) 给出了用 Boltzmann 曲线形式预测得出的底流口含水率与分流比变化的误差。与实验结果相比较，预测值整体误差在 ±2% 之内，预测值与实验值符合得较好。

图 5-16(b) 给出的是溢流口含油率与分流比之间的变化关系。随着分流比的增大，溢流口含油率呈现出先增加后减小的趋势。从实验点可以看出，溢流口含油率与分流比的关系整体呈现出 Gauss 曲线分布，而 Gauss 函数表达式为

$$o_c = A_1 + \frac{A_2}{1.253w} e^{-\frac{2(f_s - x_0)^2}{w^2}} \tag{5.75}$$

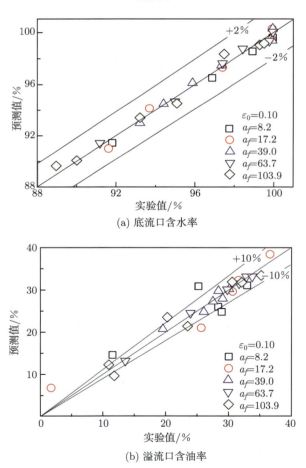

(a) 底流口含水率

(b) 溢流口含油率

图 5.16　旋流器内油水分离效率预测值与实验数据比较图

式中，A_1、A_2、w 和 x_0 的值由初始条件确定。相同地，可取 $a_f=39.0$，此时 Gauss 曲线可回归为

$$o_c = -1.818 + 35.117 e^{-\frac{2(f_s-21.367)^2}{313.216}} \tag{5.76}$$

根据实验测定的初始值，可用上式得出其他情况下的变化关系曲线表达式。用 Gauss 函数形式预测得到的溢流口含油率与分流比的变化关系误差如图 5.16(b) 所示，整体误差在 10% 以内。

5.4 旋流器内油水分离的数值模拟

通过室内分项实验，可以对实验油品、混合液含水率、进口流量、分流比进行控制，也可以改变旋流器的结构参数，研究分析旋流器油水分离性能；通过相关实验测试手段，如侵入式探针、激光多普勒测速仪 LDV、粒子成像测速仪 PIV 等技术[37,38,64]，可对旋流器内部流场进行细致研究；也可以通过观察了解油水混合物在旋流器内的分离过程。然而，虽然旋流器的结构简单，但其内部流场非常复杂，影响其分离性能的因素众多，包括了混合液的物性参数、旋流器本身的结构参数和操作参数，难以建立完善的数学物理模型描述油水分离过程，而学者们提出的经验、半经验理论模型普遍存在适用范围窄、相对误差大等缺点。近年来随着数值计算方法和计算机技术的不断发展，数值模拟的准确度和可靠性不断提高，模拟值与实际值更相接近。学者们[60−63]发现，通过选择合适的湍流模型、多相流模型以及合理地确定边界条件，可以准确地模拟出旋流器内流场分布和油水分离过程。鉴于数值模拟方法具有成本低、周期短、提供信息充分和效率高等优点，已被广泛采用。因此，本章利用数值模拟技术，对柱形旋流器内部流场分布和油水分离特性进行了研究。

5.4.1 数学模型

旋流分离器内的流动为两相或多相流动。在脱油型的旋流分离器中，流体连续相介质为水，油相通常是以分散液滴形式存在。目前用于描述这类两相流动的数值计算方法有：欧拉–拉格朗日方法和欧拉–欧拉方法。

欧拉–拉格朗日方法中流体相被处理为连续相，直接求解时均纳维–斯托克斯方程，而离散相是通过计算流场中大量的粒子 (可为气泡、液滴或者固体颗粒) 运动得到的。它的一个基本假设是：作为离散的第二相的体积率应很低，可以忽略其对连续相的影响。在欧拉–欧拉方法中，不同的相被当成相互贯穿的连续介质。由于每一相的体积不能被其他相所占据，所以引入了相体积率的概念。相体积率是空间和时间的连续函数，各相体积率的总和等于 1。常见的欧拉–欧拉多相流模型包括流体体积模型 (volume of fluid model，VOF 模型)、混合模型 (mixture model) 和

欧拉模型 (eulerian model) 三种。其中，VOF 模型属于一种表面跟踪方法，用来捕捉互不相溶流体间的自由界面，适用于分层流或自由表面流，而混合模型和欧拉模型适用于流动中有相间的混合或分离，分散相的体积率高于 10% 的情况。可以说，欧拉模型是混合模型的升级，通常能够给出更精确的结果，只是复杂的欧拉模型比混合模型计算稳定性较差。在本书研究中，第二相的体积率通常要高于 10%，因此采用能模拟第二相体积率较高情况下的欧拉模型。

相体积率代表了每一相所占据的空间。在多相流动中，每一相的体积可由下式给出：

$$V_q = \int_V \alpha_q \mathrm{d}V \tag{5.77}$$

这里，q 为多相流中的第 q 相；V_q 为 q 相的体积；α_q 为 q 相的体积率，且有 $\sum_{q=1}^n \alpha_q = 1$。

连续性方程：

$$\frac{\partial}{\partial t}(\alpha_q \rho_q) + \nabla \cdot (\alpha_q \rho_q \boldsymbol{u}_q) = 0 \tag{5.78}$$

动量方程：

$$\frac{\partial}{\partial t}(\alpha_q \rho_q \boldsymbol{u}_q) + \nabla \cdot (\alpha_q \rho_q \boldsymbol{u}_q \boldsymbol{u}_q) = -\alpha_q \nabla p + \nabla \cdot \bar{\bar{\tau}}_q + \alpha_q \rho_q \boldsymbol{g} + \sum_{p=1}^n K_{pq}(\boldsymbol{u}_p - \boldsymbol{u}_q)$$
$$+ \alpha_q \rho_q \left(\boldsymbol{F}_q + \boldsymbol{F}_{\mathrm{lift},q} + \boldsymbol{F}_{\mathrm{vm},q} \right) \tag{5.79}$$

式中，$\bar{\bar{\tau}}_q$ 是第 q 相的压力应变张量，有

$$\bar{\bar{\tau}}_q = \alpha_q \mu_q \left(\nabla \boldsymbol{u}_q + \nabla \boldsymbol{u}_q^{\mathrm{T}} \right) + \alpha_q \left(\lambda_q - \frac{2}{3}\mu_q \right) \nabla \cdot \boldsymbol{u}_q \bar{\bar{I}} \tag{5.80}$$

这里，μ_q 和 λ_q 是第 q 相的剪切和体积黏度。$\boldsymbol{F}_q$、$\boldsymbol{F}_{\mathrm{lift},q}$ 和 $\boldsymbol{F}_{\mathrm{vm},q}$ 分别是外部体积力、升力和附加质量力。

$$\boldsymbol{F}_{\mathrm{lift}} = -0.5\alpha_q \rho_q |\boldsymbol{u}_q - \boldsymbol{u}_p| \times (\nabla \times \boldsymbol{u}_q) \tag{5.81}$$

$$\boldsymbol{F}_{\mathrm{vm}} = 0.5\alpha_q \rho_q \left(\frac{\mathrm{d}_q \boldsymbol{u}_q}{\mathrm{d}t} - \frac{\mathrm{d}_p \boldsymbol{u}_p}{\mathrm{d}t} \right) \tag{5.82}$$

对于油水两相流动，相交换系数可写成

$$K_{pq} = \frac{\alpha_q \alpha_p \rho_p f}{\tau_p} \tag{5.83}$$

其中，τ_p 为颗粒弛豫时间，定义为

$$\tau_p = \frac{\rho_p d_p}{18\mu_q} \tag{5.84}$$

5.4 旋流器内油水分离的数值模拟

式中，d_p 为第 p 相液滴的直径。

对于不同的交换系数模型，曳力函数 f 有着不同的定义。这里，我们选择了 Morsi-Alexander 模型：

$$f = \frac{C_D Re}{24} \tag{5.85}$$

这里

$$Re = \frac{\rho_q |\boldsymbol{u}_p - \boldsymbol{u}_q| d_p}{\mu_q} \tag{5.86}$$

$$C_D = a_1 + \frac{a_2}{Re} + \frac{a_3}{Re^2} \tag{5.87}$$

a_1, a_2, a_3 的定义如下所示：

$$a_1, a_2, a_3 = \begin{cases} 0,\ 18,\ 0, & 0 < Re < 0.1 \\ 3.690,\ 22.73,\ 0.0903, & 0.1 < Re < 1 \\ 1.222,\ 29.1667,\ -3.8889, & 1 < Re < 10 \\ 0.6167,\ 46.50,\ -116.67, & 10 < Re < 100 \\ 0.3644,\ 98.33,\ -2778, & 100 < Re < 1000 \\ 0.357,\ 148.62,\ -47500, & 1000 < Re < 5000 \\ 0.46,\ -490.546,\ 578700, & 5000 < Re < 10000 \\ 0.5191,\ -1662.5,\ 5416700, & Re \geqslant 10000 \end{cases} \tag{5.88}$$

湍流模型：采用能够模拟各向异性湍流特性的雷诺应力模型 (RSM 模型)，其控制方程如下：

$$\frac{\partial}{\partial t}\left(\rho \overline{u'_i u'_j}\right) + \frac{\partial}{\partial x_k}\left(\rho u'_k \overline{u'_i u'_j}\right) = P_{ij} + D_{Tij} + \phi_{ij} - \varepsilon_{ij} + F_{ij} \tag{5.89}$$

$$P_{ij} = -\rho \left(\overline{u'_i u'_k}\frac{\partial u_j}{\partial x_k} + \overline{u'_j u'_k}\frac{\partial u_i}{\partial x_k}\right) \tag{5.90}$$

$$D_{Tij} = -\frac{\partial}{\partial x_k}\left[\overline{\rho u'_i u'_j u'_k} + \overline{p\left(\delta_{kj} u'_i + \delta_{ik} u'_j\right)}\right] \tag{5.91}$$

$$\phi_{ij} = \overline{\left(\frac{\partial u'_i}{\partial x_j} + \frac{\partial u'_j}{\partial x_i}\right)} \tag{5.92}$$

$$\varepsilon_{ij} = -2\mu \overline{\frac{\partial u'_i}{\partial x_k}\frac{\partial u'_j}{\partial x_k}} \tag{5.93}$$

$$F_{ij} = -2\rho\Omega_k \left(\overline{u'_j u'_m}\varepsilon_{ikm} + \overline{u'_i u'_m}\varepsilon_{jkm}\right) \tag{5.94}$$

式中，P_{ij} 为应力产生项，D_{Tij} 为湍流扩散项，ϕ_{ij} 为压力应变项，ε_{ij} 为黏性耗散项，F_{ij} 为系统旋转产生项。

5.4.2 几何模型

柱形旋流器的结构示意图如图 5.17 所示，旋流器直径 D 为 50mm，切向入口直径 D_i 为 50mm（采用 25％的收缩比），溢流口直径 D_o 为 25mm，底流口直径 D_u 为 40mm，柱段高度 L 为 900mm。

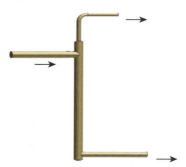

图 5.17　柱形旋流器结构示意图

按照图 5.17 所示几何结构，在 Gambit 中建立三维模型并划分网格。针对旋流器的结构形式，采用结构网格和非结构网格相结合的方法。由于在旋流器的进口与柱体连接处以及底流出口处流场结构和相分布最为复杂，为了提高计算的精确度，采用了最为致密的非结构网格，而在柱体中间段和旋流器溢流管出口段采用的是结构化网格，具体划分细节如图 5.18 所示，其中整个几何模型的网格单元总数控制在 $2.5\times 10^5 \sim 3.5\times 10^5$ 个。计算中，主相为水，分散相为油，它们的物性参数见第 3 章；旋流器的入口处采用速度入口条件，即给定油水两相的速度和分散相的体积分数；溢流出口管和底流出口管为充分发展的管流条件；旋流器壁面上采用无滑移条件，即速度在边壁处为零。采用二阶迎风格式求解油水两相的控制方程组，对压力–速度耦合使用 PC-SIMPLE(phase coupled SIMPLE) 算法。PC-SIMPLE 算法是 SIMPLE 算法在多相流中的扩展，速度的求解被相耦合，压力修正方程的建立是基

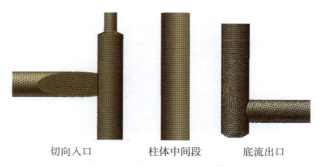

图 5.18　旋流器各段网格划分

5.4 旋流器内油水分离的数值模拟

于总的体积连续而不是质量连续。计算残差控制在 1.0×10^{-6} 之内，并且控制旋流器的出、入口质量流量相对误差的绝对值小于 0.1%。

5.4.3 模型验证

在对柱形旋流器油水分离特性的数值模拟之前，为了验证所选择的湍流模型和欧拉多相流模型模拟复杂结构物内多相流动特性时的准确性，选取了两组不同的实验工况，并将数值模拟结果与实验结果进行对比。第一种工况采用本书中所研究的柱形旋流器 (简称 1#)，第二种工况是采用 Vazquez C. O. 等[7] 在实验室内进行的油水分离装置 (简称 2#)。1#工况实验中进口油水混合速度为 0.6m/s，含油率为 16.3%；2#工况实验中进口油水混合流速为 1.32m/s，含油率为 24.3%。

对上述两种实验工况下的油水两相分离进行了数值模拟，其结果如图 5.19 所示。图 5.19(a) 给出了在室内实验时通过高速摄像机拍摄的油核形状分布与模拟结果的比较。从图中可以看出，数值模拟得到的油水相分布 (即油核形状) 与室内实验得到的结果相类似。图 5.19(b) 是底流口含水率的模拟结果与实验结果对比。从曲线图中可以看出，用本书选择的数值模型得到的底流口含水率与实验数据变化趋势一致、符合较好。只是在 2#实验工况中，模拟结果稍高于实验测量值，这是因为在数值模拟过程中，假设分散相油滴在水中的运动过程中没有产生聚并、破碎和乳化等现象，而在实际实验当中，大油滴在旋流场中往往会发生破碎等现象，因此数值模拟得到的结果才会稍大于实验值。通过这两种工况的对比，可以表明所采用的湍流模型和欧拉多相流模型能够对柱形旋流器内的油水分离特性进行准确的计算。

(a) 油相分布

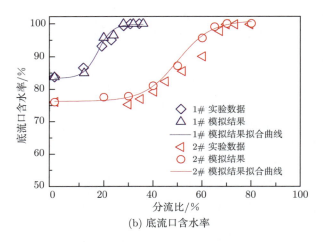

(b) 底流口含水率

图 5.19 模拟结果与实验结果比较

5.4.4 结果分析

1. 流场特性

1) 液体运动的迹线

图 5.20 显示了液滴在柱形旋流器内运动的迹线图。其中，图 5.20(a) 是多条迹线的总图，从图中可以看出，液体从水平进口管道进入旋流器柱体内部，产生高速旋转运动，一部分液体直接从上部溢流口流出；另一部分液体进入外旋流，以螺旋方式向下运动，从底流口排出。其中，向下运动的液体还有一部分由于离心作用，进入旋流器柱体内部形成向上运动的内旋流，最后从顶部的溢流口排出。从轨迹线的数目上，我们还可以看出，从入口进来的液体，大部分从底流口流出，只有小部分是从溢流口排出。图 5.20(b) 给出的是两条迹线轨迹图，能很明显地看出液滴在旋流器内部产生的旋转流动。

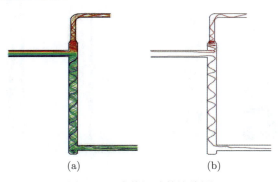

图 5.20 液体运动的迹线图

2) 压力分布

柱形旋流器内部的压力分布与能量转化和耗散问题密切相关。图 5.21 所示为柱形旋流器内压力分布情况。图 5.21(a) 是轴向截面上的压力分布云图,从图中可以看出,旋流器柱体边壁处的压力值明显高于中心处,且在旋流器入口附近压力值也偏高,在远离进口到底流口附近,压力逐渐降低,这也可以从图 5.21(b) 中不同轴向高度截面上的压力在径向上的分布情况中得到 (z 方向为旋流器溢流口到底流口,溢流口处为 z 轴起点)。从曲线图中能清晰地看出,在旋流器内中心处的压力值低于边壁处,在中心形成了低压区,而且在旋流器的溢流口处压力值较低,甚至

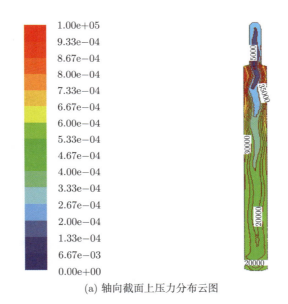

(a) 轴向截面上压力分布云图

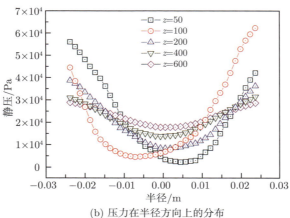

(b) 压力在半径方向上的分布

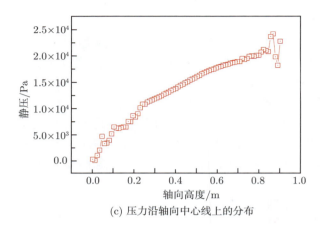

(c) 压力沿轴向中心线上的分布

图 5.21 柱型旋流器内压力分布

出现了负值，也正是在此压差的作用下，旋流器内部形成了内旋流，产生向上运动，使流体从溢流口排出。图 5.21(c) 给出的是从旋流器溢流口处到旋流器底部，沿中心轴线上的压力分布曲线图。压力值在旋流器溢流口处比较低，随着距离远离溢流口，压力值逐渐增大，且在进口 ($z=100$mm) 与底流口附近 ($z=850$mm)，由于流场的紊乱，出现了压力值的激烈波动，这不利于油核在旋流器内的稳定，对油水分离性能产生负面影响。

3) 速度分布

研究旋流器内液体的流动情况有助于理解旋流器分离机理，因此学者们[88,89]在这方面进行了大量的理论分析和实验测量研究。由于旋流器内流体流动结构非常复杂，理论研究受到了一定的限制，又由于实验测量时受到测量设备的局限，不能较完整地得到流体流动的分布规律，特别是对于旋流器径向速度的测量，各学者的测量结果存在一定的差异，而通过数值模拟方法能够较详细地分析旋流器内流体的流动特征。目前流体在旋流器内的流动为三维螺旋流动形式已被广泛接受，通常采用柱坐标系来分析速度场，分解为切向速度、轴向速度和径向速度三部分。

在旋流器分离过程中，切向速度被认为是三维速度中最重要的一项，因为切向速度决定了旋流器内部流体的离心力和离心加速度的大小。图 5.22 所示为旋流器内液流切向速度分布图，沿旋流器轴线方向上选择了高度为 200mm、400mm、600mm 和 800mm 四个截面进行分析。切向速度从旋流器的边壁到中心处，整体呈现出先增大后减小的变化趋势。由于旋流器壁静止不动以及边界层的作用，器壁处的切向速度为零，沿着半径向中心，切向速度逐渐增到最大值后开始减小，在中心处速度达到最小值。在不同轴向高度截面上切向分布规律是一致的，但是随着轴向位置远离进口处，切向速度的幅值随之变小，也即说明液流在旋流器中的旋转强度逐渐减弱。从图中还可以得知，由于旋流器的单侧进口结构，引起了切向速度沿中心轴线不是对称分布，这种结构也引起了内部流场的不均匀性。

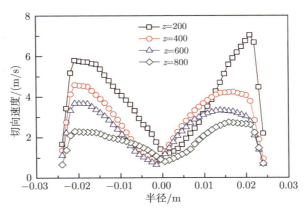

图 5.22 切向速度沿径向分布

图 5.23 所示为旋流器内液流轴向速度沿径向分布示意图。从轴向速度分布曲线图 5.23(a) 中可以看出，由于壁面处边界层效应，轴向速度在边壁上为零；沿着旋流器半径向中心处，轴向速度开始增大，到最大值后又逐渐减小，直到速度为零；沿着半径继续向中心靠近，在旋流器半径的中部附近轴向速度方向发生变化，由正值变成了负值，且速度的幅值随着半径的减小而增大。将液体轴向速度为零的点连线可组成零轴速包络面，该面外部的液体向下流动，形成外旋流，通过底流口排出，而其内部的液体则向溢流口方向流动，形成内旋流。图 5.23(b) 为柱形旋流器轴向截面的速度分布云图和其中一段柱体部分的速度矢量图，从中可以很清晰地看到在旋流器内向下运动的外旋流和向上运动的内旋流。从曲线图中仍可知，在不同高度的截面上轴向速度沿着半径的变化规律基本相同，但是随着远离旋流器进口，内旋流的速度逐渐减小，到最后液体全部往下流动从底流口流出。油水混合液在旋流器内的分离过程中，当油滴穿过零轴速包络面，由外旋流进入内旋流中运动时，可认为油滴能够得到有效分离；反之，油滴随着液流向下流动，从底流口排出。

在旋流器内部液流的径向速度分布如图 5.24 所示。从图中可以看出，沿器壁到中心方向，径向速度先逐渐增大，并且方向是由器壁指向轴心；当速度增大到一定程度以后，径向速度急剧减小，在中心处为零，这是由于外旋流中的油滴颗粒在径向速度的牵引下进入了内旋流，并积聚形成了油核，随着内旋流向上流动。而径向速度在旋流器中心处急剧变化的原因也是在于液流在中心处的轴向速度较大，直接牵引油滴颗粒随着内旋流向上运动。在不同的轴向高度上，径向速度的幅值变化有所不同，从进口到底流口方向，径向速度值随之减小，这说明在旋流器的进口附近，油滴颗粒在径向上的运动速度较快，使油水混合物迅速地得到了有效的分离，但是在远离进口处，油滴颗粒进入内旋流的速度比较缓慢，也就是分离进行得比较缓慢。从曲线图中还可以发现，径向速度的幅值均小于 1m/s，与切向速度和轴向速度的幅值相比小了一个数量级，这也是在实测研究中难以对径向速度进行准确测量的原因之一。

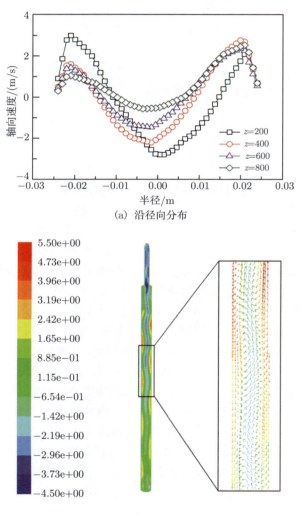

(a) 沿径向分布

(b) 在轴向截面上的分布云图

图 5.23 轴向速度分布

5.4 旋流器内油水分离的数值模拟

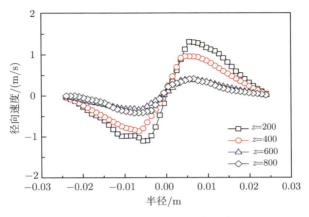

图 5.24 径向速度沿径向分布

4) 湍动能分布

知道旋流器内湍动能的分布有助于分析油滴颗粒在旋流器内的运动过程中液滴破碎情况。图 5.25 给出了旋流器内湍动能分布的数值模拟结果。湍动能在旋流器内不同轴向高度截面上沿半径的分布如图 5.25(a) 所示,沿轴线方向分别取 $z=50$mm、100mm、200mm、400mm、600mm 和 850mm 共 6 个横截面,其中 $z=100$mm 平面正好是旋流器进口和柱体的交接面,$z=850$mm 为旋流器底流口的中心横截面。从分布曲线图可以看出,在旋流器各个不同的轴向位置上,湍动能的分布具有相似性,即在旋流器边壁附近的湍动能较大,随着位置往半径方向的减小,湍动能先是发生一个急剧的减小趋势,然后随半径的变化湍动能变化趋于平缓。可以看出湍动能在旋流器内整体呈现中间低凹两端上翘的不对称鞍形结构分布,这一数值模拟的结果与相关学者的实验测量结果相一致[85],从而也证实了本模拟结果的正确性。图 5.25(b) 湍动能分布云图中显示,在进口区域附近,湍动能值最大,说明在此区域内液流的不均匀性流动最激烈,这是由于液流以切线方式进入旋流器后产生了强烈的旋转流动。随着轴向位置的变化,湍动能值也逐渐变小,但是在底流口中心横截面上,由于液流运动方向发生了变化,引起湍动能值的突变。由第 2 章中对旋流器内液滴破碎情况的分析可知,引起液滴破碎的主要原因是由湍流运动产生的雷诺剪切应力,因此湍动能较大的区域引起液滴破碎的概率也就越高。故在旋流器中引起液滴破碎可能性最大的区域有:进口与旋流器连接区域、靠近旋流器器壁的边界层附近、底流出口处和旋流器溢流管处。而在旋流器的底流口处,由于油滴已经在柱体部分得到了分离,此处存在的油滴颗粒数非常少且颗粒的粒径也非常小 (因为大油滴在柱体段内很快得到了分离),所以底流口处的湍动能对液滴的破碎影响可忽略;在旋流器的溢流口附近,由于液流均是向上流动的内旋流,所以此处的湍动能对液滴产生的破碎结果并不影响旋流器的分离性能。

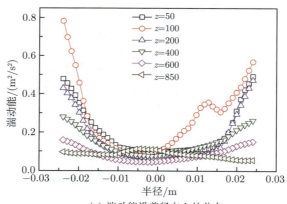

(a) 湍动能沿着径向上的分布

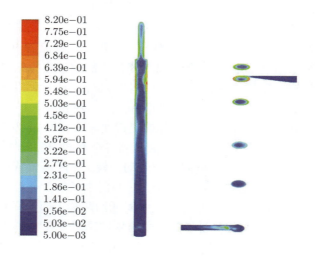

(b) 湍动能在轴向截面上的分布云图

图 5.25 湍动能分布

5) 相分布

图 5.26 给出了在柱形旋流器内部随着时间变化油核形状发展情况。首先在旋流器内充满了单相水,然后将油水混合物以切线方向进入旋流器,产生高速旋转流动,由于油水密度差的存在,油水两相受到不同的离心力,从而产生分离。在混合液刚进入旋流器阶段,油核形状并不明显,随着时间的推移,油核变得清晰可见。当到达 26s 后,油核在旋流器内的形状基本趋于稳定,不再随着时间而发生较大的变化,即可说明此时旋流器内的流场达到了稳定。

5.4 旋流器内油水分离的数值模拟

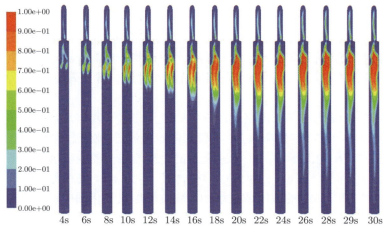

图 5.26 柱形旋流器内油核形状随时间变化关系

油相在旋流器内截面上的分布如图 5.27 所示。图 5.27(a) 给出了轴向截面上的油核分布情况,而图 5.27(b)~(d) 显示的是在不同轴向高度的横截面上油相分布的等高线图,其中三个横截面在轴向高度上与旋流器进口中心横截面的距离分别为 2 倍、6 倍和 10 倍的旋流器内径。从图中可知,随着轴向距离远离进口处,油核逐渐变细,其尾部最终收结于底流口的上方。在同一轴向高度的横截面上,旋流器中心区域的油相含率较高而边壁处的含率很低,且在距离为 10 倍管径处,边壁上的油相含率达到了 0.6%,说明在此附近区域油水已经得到了较好的分离。从图中还可以看出,由于旋流器是单侧进口结构,油核在内部的分布呈现不对称的形式。

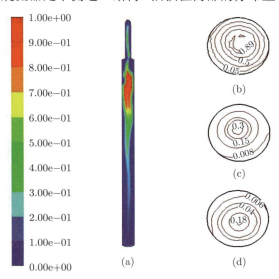

图 5.27 轴向截面上的相分布云图

2. 操作参数对分离效果的影响

影响旋流器油水分离性能的操作参数主要包括分流比、入口混合流速、入口含油率、混合液油滴粒径和粒径分布等，其中分流比和入口混合流速对分离性能的影响最为显著。下面主要从这两个方面着手研究其对旋流器分离性能的影响。

1) 分流比

旋流器的分流比定义为溢流出口管中的流量与水平入口流量的比值。在旋流器中分流比是一个重要的影响因素，不仅影响着旋流器的处理能力，而且对旋流器的分离效率有着一定的影响。图 5.28 表示的是旋流器内的油核形状随着分流比的变化关系。入口混合流速 v_m 为 2m/s，相含率 α_o 为 0.1。图中最左边的分流比值 f_s 为 0.2，然后以 0.05 的截距依次增加。从油核形状变化图中可以看出，油水混合液进入旋流器后，在旋流器的中心区域形成了油核，当分流比值较小时，油核尾部与旋流器的底流口相连接，油核不能有效地从旋流器的溢流口排出，此时，虽然油水混合液得到了一定的分离，但是分离效果不佳。增大分流比值意味着更多的液体从旋流器的溢流口流出，从而能牵引旋流器内的油核一块从溢流口流出，油核形状变得更清晰，其尾部变细并且收结于底流口上方，如图中分流比值为 0.35 和 0.4 所示，此时油水混合液在旋流器内的分离得到了改善。进一步增大分流比值，旋流器内的油核几乎全部从溢流口流出，在旋流器内形成油核的位置得到了上提，底流出口管中流出的全为清水，油水混合液得到了较好的分离，如最后两幅油核形状图所示。

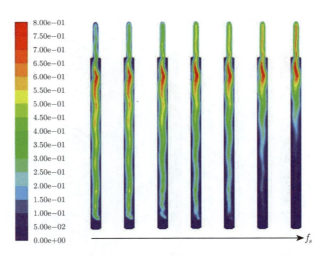

图 5.28　油核形状随着分流比的变化

图 5.29 给出了旋流器底流口含水率与分流比之间的变化关系曲线图以及旋流器除油率的曲线图。从图中可知，随着分流比的增大，旋流器的除油率逐渐增加；

5.4 旋流器内油水分离的数值模拟

当分流比增大到一定值后,除油率变化趋缓且趋于一定值,这说明在油水分离过程中,旋流器存在一个较优的分流比值,使旋流器的分离性能达到最大。由此可以看出,分流比是旋流器中一个重要的操作参数,其变化情况影响着旋流器整体的分离性能。实际应用当中,应该根据现场液样含油率以及来液流量确定分流比值的变化范围,以此进一步确定使旋流器达到最佳性能的较优分流比值。

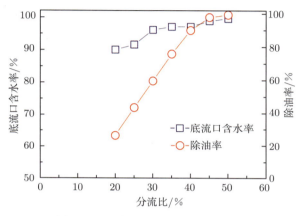

图 5.29 分离效率随着分流比的变化

2) 入口混合流速

旋流器的入口混合流速决定着入口流量的大小,从而决定了旋流器内液流的旋转强度,即离心力和离心加速度的大小。图 5.30 所示为旋流器油水分离效率随着入口混合流速的变化关系。入口相含率 α_o 为 0.1,分流比 f_s 为 0.35。随着入口混合流速的增加,旋流器底流口含水率和除油率逐渐增大;当混合流速低于 6m/s 时,底流口含水率和除油率均随着入口混合流速的降低而迅速降低;当混合流速高于 6m/s 时,底流口含水率和除油率随着入口混合流速的增加而缓慢增加,即在混合流速大于 6m/s 以后,底流口含水率和除油率的变化不大。混合流速的提高增大了旋流器内油水混合液的旋转强度,油滴颗粒受到了更大的离心力,从而使分离得到了改善。在实际应用中,无限制地增大入口混合流速并不能使旋流器油水分离效率进一步提高,反而会降低分离效率。这是因为油水混合液属于液液二相流,当油水混合液以极高速度切向进入旋流器后,由于受到很强的旋转流动剪切作用,油滴颗粒会发生变形、破碎和乳化现象,恶化了油水分离。图 5.31 表明随着速度的升高,旋流器内液流的湍动能急剧增大,对液滴的破碎、乳化作用增强。由此说明旋流器存在一个最佳的流量工作区间。在实际应用中,应当根据来液流量确定旋流器的结构尺寸,以便使旋流器的工作性能达到最优。

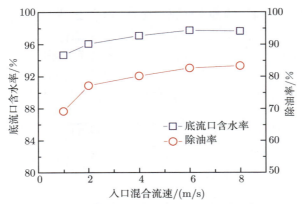

图 5.30 分离效率随着入口混合流速的变化

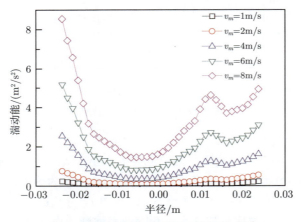

图 5.31 湍动能与入口混合流速的关系

3. 结构参数对分离效果的影响

1) 入口位置和长径比

为了考察旋流器的入口位置和长径比对分离性能的影响,在数值模拟中,旋流器的柱段长度 L 分别取为 $10D$、$15D$ 和 $20D$,对应的 $H_1=2D$ 和 $5D$ 两种情况。针对每种结构分别进行编号,为 NO1a~NO3b 六种不同的结构,如表 5.2 所示。

表 5.2 LLCC 的结构尺寸

	NO1a	NO1b	NO2a	NO2b	NO3a	NO3b
$\tilde{L}=L/D$	10	10	15	15	20	20
$\tilde{H}_1=H_1/D$	5	2	5	2	5	2
$\tilde{H}_2=H_2/D$	5	8	10	13	15	18

根据给定的初始条件,设定柱形旋流器上部溢流口处的分流比为 0.35,经过计

5.4 旋流器内油水分离的数值模拟

算得到了如图 5.32 所示的六种不同结构旋流器内的截面含油率云图。油水混合物以切线方式进入旋流器后,形成了高速旋转流场,由于油水密度差的不同,在离心力作用下重质相水流向旋流器边壁,并从底流口排出,而轻质相油迅速聚集在旋流器中心部位,形成了油核,从上部的溢流口流出。当旋流器的柱段长度一定时,即长径比为定值时,通过改变进口段与溢流口处的距离,对油水分离能起到明显的效果。当 $H_1=5D$ 时,油相聚集成油核后,停留在旋流器内部,且大部分的油相从底流口排出,这阻碍了油水的有效分离;当 $H_1=2D$ 时,形成的油核上旋至溢流口附近,更多的油相能够从溢流口流出,而相应地底流口的含油率比较低。当固定了 H_1,改变 H_2 时,即在不同的长径比下,可以从图中得知,随着 H_2 的增加,柱形旋流器底流口处的含水率随之增加,也就是底流口中的含油逐渐减小,旋流器的分离性能得到了改善;但是当 H_2 增大到一定值后,继续增大反而对分离产生了不利的影响,也即在一定的条件下,柱形旋流器的柱段长度存在着一个较优的值。图 5.33 为不同结构下旋流器的底流口含水率曲线和除油率曲线,从曲线图中能够较直观地反映出入口位置和长径比对于旋流器油水分离性能的影响。

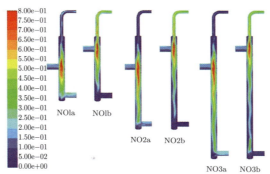

图 5.32 不同结构旋流器的截面含油率云图

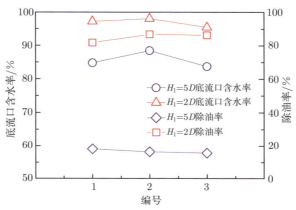

图 5.33 不同结构旋流器的分离效率

2) 对称入口

从前面的分析中可知,旋流器单侧入口形式产生的内部旋转流场是不对称的。在本小节中,讨论对称入口形式对旋流器内油水分离的影响。对称入口的结构如图 5.34 所示 (俯视图),两个对称入口的总横截面积与前面讨论的单侧入口的横截面积相等,保证在相同的入口流量下产生的旋转强度相等。

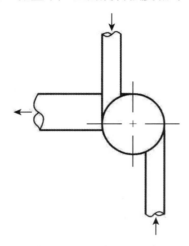

图 5.34 对称入口形式

图 5.35 所示为入口形式对旋流器内油核形状的影响。从图 5.35(a) 的轴向截面油相分布云图可以看出,当采用单侧入口形式时,旋流器内部的油核形状呈螺旋弯曲非对称结构,且油核底部晃动较大;当以对称入口形式时,油核形状以轴心对称分布,油核分布稳定。图 5.35(b) 显示的是不同轴向高度的横截面上油相分布。在同一横截面上,单侧入口结构产生的油核以偏心形式分布在旋流器内,且在不同轴向高度的横截面上,油核分布的偏心位置也不相同;而对称入口结构下不同轴向高度的横截面上油相均以圆心对称分布。从油核的分布上可以看出,对称入口形式可使旋流器内的油核更加稳定,有利于提高分离效率。

图 5.36 给出的是两种入口结构形式对旋流器内流场产生的湍流强度,其中 $z=100$ 位置为旋流器的水平进口中心线。从曲线图中可知,两种结构形式下旋流器内部湍动能分布的趋势基本一致,但是由于对称入口结构产生的旋流场比较稳定,旋流器内部的湍动能分布均比较平缓且湍动能值一般都小于单侧入口形式。只有在旋流器的入口部位,由于液流以切线方式进入旋流器,对流场产生了一定的搅动作用,使湍动能值较大,且由于对称结构有两个入口,出现了左右对称的双台阶峰值。在实际应用中,当采用对称入口结构形式时,为了使流场稳定,需要较精细地控制两个入口流量,以便于两股液流从切向入口进入旋流器后能产生同等强度的旋流场,而当入口流量不一致时,在入口附近将会导致更加激烈的湍流运动。因

5.4 旋流器内油水分离的数值模拟

此，在实际生产中为了更有效、更方便地控制入口流量，往往采用单侧入口形式。

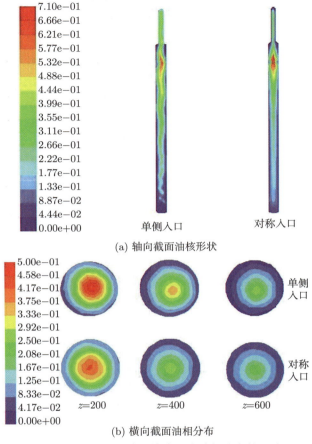

图 5.35 入口形式对旋流器内油相分布的影响

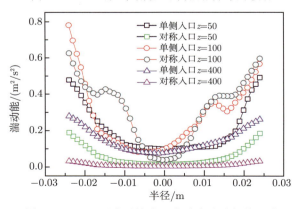

图 5.36 入口形式对旋流器内液流湍动能的影响

3) 溢流管结构形式

油水混合液在旋流器内由于受到旋转离心力的作用，油相聚集中心处形成了油核，从旋流器的溢流出口管排出。因此，溢流管结构形式对旋流器的分离性能起着非常重要的作用。从上一章节的实验观察和本章前面的数值模拟结果看出，油核存在于旋流器中心处，当溢流口分流比过小时，油核无法顺畅地从溢流管排出，此时需要增大分流比值来引导油核排出旋流器。然而，高分流比值意味着更多的液体从溢流管排出，降低了旋流器的处理能力。为了更好地将油核从旋流器中排出，在本小节中讨论了溢流管的插入深度对分离性能的影响。我们选择了几种不同的插入深度，以旋流器直径倍数表示，分别为 $0D$、$1D$、$2D$、$3D$ 和 $4D$，其中 $0D$ 表示溢流管不插入旋流器内部而是直接与旋流器顶部相连接，$1D$ 表示为插入深度为 1 倍旋流器直径，其他以此类推。

图 5.37 给出了在相同入口条件和分流比的情况下（入口混合流速 $v_m=2\mathrm{m/s}$，相含率 $\alpha_o=0.1$，分流比 $f_s=0.2$），不同溢流管插入深度对旋流器内轴向截面油核分布形状的影响。当溢流管直接与旋流器相连接时，大部分油核聚集在了旋流器内部，并且油核底部与旋流器底流口相接，即表明油核除了从溢流管排出旋流器外，还有相当一部分油相随着向下运动的液流从底流口排出，此时旋流器对油水混合液的分离性能大大降低。当溢流管插入旋流器内部的深度为 $1D$ 时，油核较好地从溢流管排出，但是仍然有一部分油相从底流口排出旋流器，这说明了将溢流管插入旋流器内部可有效地引导油核排出旋流器体外，旋流器的分离性能可得到改善。随着溢流管插入深度的增加，油核更好地被排出，并且油核的尾部收结于旋流器底流出口管上方，即说明了此时从底流出口管排出的液体为清水，旋流器对油水混合液进行了有效地分离。特别是当溢流管插入深度为 $3D$ 时，从水平切向入口（水平切向入口管中心轴线与旋流器顶部的距离为 $2D$）进入旋流器的液体在由旋流器边壁和溢流管外壁组成的环形腔体中产生高速旋转，使油相在旋流器中心处聚集，而由于溢流管插入深度刚好大于水平切向入口管与旋流器顶部的距离，所以使得刚聚集的油核能够很快地从溢流管中排出旋流器。从前述旋流器内液流湍动能分布可知，在切向入口处，由于液流进入旋流器改变了运动方向，湍动强度很大，而当溢流管插入深度大于切向入口的高度时，可有效降低入口流体湍动对油核的影响。从图 5.37 还可看出，当将溢流管插入旋流器内部时，形成的油核比较稳定，螺旋晃动较小。图 5.38 所示为溢流管不同插入深度对旋流器分离效率的影响。随着插入深度的增加，底流口含水率和除油率均逐渐上升，而当溢流管插入深度过大后（图中所示的 $4D$ 情况），分离效率反而下降，这是由于溢流管插入深度过大，所形成的油核随着液流一直向下流动，不能及时地将油核排出旋流器，从而导致分离性能降低。由此在设计旋流器结构时，应当考虑将溢流管插入旋流器内部的一定深度，而此深度应大于水平切向入口高度 $1D$ 左右。

5.4 旋流器内油水分离的数值模拟

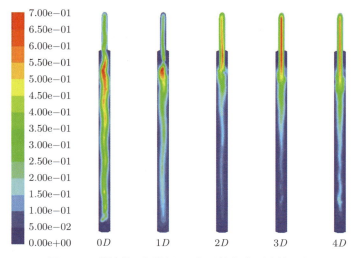

图 5.37 溢流管不同插入深度下轴向截面油核形状

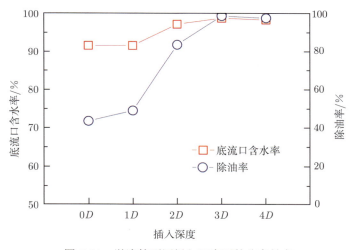

图 5.38 溢流管不同插入深度下的分离效率

5.4.5 小结

(1) 柱形旋流器内部的流场属于三维螺旋流动,其流动结构非常复杂。采用数值模拟方法对旋流器内流场进行细致的研究,有助于理解旋流器的分离机理。开展数值模拟前,首先通过把数值模拟结果与已有实验数据进行对比,验证了所采用计算方法和模型的可靠性。在此基础上系统给出了柱形旋流器内流体运动的迹线图、压力分布情况以及速度分布特性。计算结果清晰地给出了在旋流器轴向上存在向下运动的外旋流和向上运动的内旋流。

(2) 操作参数和结构参数是影响柱形旋流器油水分离性能的两种主要参数。本节系统研究了分流比、入口混合流速、长径比、入口位置、入口结构形式以及溢流管插入深度对旋流器的底流含水率和除油率的影响。结果发现，随着分流比的增大，底流口含水率和除油率均逐渐升高；入口混合流速存在一个较优的范围，超过这一范围后，入口混合速度的提高对分离效率影响不大，而实际中由于高流速产生的强湍流作用会使液滴破碎，反而会恶化油水分离；增大长径比并且提高入口位置均能有效地改善旋流器的分离性能；将溢流管插入旋流器内部一定深度后，分离效率也得到了提高。上述结论对柱形旋流器的结构设计和现场试验及应用具有重要的指导意义。

参 考 文 献

[1] Henry P, Shenf P E. Separation of liquid in a conventional hydrocyclone. Separation and Purification Methods, 1977, 6(1): 89–127.

[2] Bradley D. The Hydrocyclone. London: Pergamon Press, 1965.

[3] Colman D A, Thew M T, Corney D R. Hydrocyclones for oil-water separation. In: Proc.1st International Conference on Hydrocyclones, Cambridge, UK, 1980: 143–166.

[4] Thew M T. Hydrocyclone redesign for liquid-liquid separation. The Chemical Engineer, 1986, (718): 17–23.

[5] Young G A B, Wakley D L, Taggart S L, et al. Oil-water separation using hydrocyclones: An experimental search for optimum dimensions. Journal of Petroleum Science and Engineering, 1994, 11(1): 37–50.

[6] 袁惠新, 王跃进. 旋流分离技术在石油、石化工业中的应用. 化工设备与防腐蚀, 2002, 5(3): 178–182.

[7] Kelsall D F. A study of the motion of solid particles in a hydraulic cyclone. Trans. Inst. Chem. Eng., 1952, 30: 87–108.

[8] Bradley D, Pulling D J. Flow patterns in the hydraulic cyclone and their interpretation in trems of performance. Trans. Inst. Chem. Eng., 1959, 37: 34–45.

[9] Lilge E O. Hydrocyclone fundamentals. Trans. Inst. Min. and Metall., 1962, 71: 285–337.

[10] 姚书典, 隋志宇. 高浓度条件下水力旋流器分离精度. 有色金属, 1988, 3: 31–37.

[11] 庞学诗. 水力旋流器分离精度计算方法的研究及应用. 湖南有色金属, 1988, 6: 27–30.

[12] Tarjan G. Mineral processing. Budapest, 1981, 2: 544–556.

[13] 庞学诗. 水力旋流器分离粒度的计算方法. 国外金属矿选矿, 1992, 5: 15–24.

[14] Rietema K. Performance and design of hydrocyclone. Chem. Eng. Sci., 1961, 115: 298–325.

[15] Wolbert D, Ma B F, Aurelke Y, et al. Efficiency estimation of liquid-liquid hyrdocyclones

using trajectory analysis. AIChE Journal, 1995, 41(6): 1352–1402.

[16] Fahlstrom P H. Studies of the hydrocyclone as a classifier. In: Pro 6th Int Miner Process Congr. Cannes, 1963: 87–109.

[17] Bloor M I G, Ingham D B, Laverack S D. An analysis of boundary effects in a hydrocyclone. In: Proc Int Conf on Hydrocyclone, Cambridge, BHRA Fluid Engineering,Cranfield, 1980: 46–62.

[18] White D A. Efficiency curve model for hydrocyclone based on crowding theory. Trans. Inst. of Min. and Metall., 1991, 100: 135–138.

[19] Schubert H, Neesse T. A hydrocyclone separation model consideration of the turbulent multiphase flow. In: Proc Int Conf on Hydrocyclone, Cambridge, BHRA Fluid Engineering, Cranfield, 1980: 23–36.

[20] 褚良银, 陈文梅, 戴光清, 等. 水力旋流器. 北京: 化学工业出版社, 1998.

[21] 刘贵喜. 脱油型水力旋流器分离准数模型的建立. 石油机械, 1997, 25(9): 17–20.

[22] Chen J Y, Shi M X. A universal model to calculate cyclone pressure drop. Powder Technology, 2007, 171: 184–191.

[23] 徐继润, 罗茜. 水力旋流器流场理论. 北京: 科学出版社, 1998.

[24] Knowles S R, Woods D R, Feuerstein I A. The velocity distribution within a hydrocyclone operating without an air-core. Can. J. Chem. Eng., 1973, 51: 263–271.

[25] Dabir B, Petty C A. Measurement of mean velocity profiles in a hydrocyclone using laser Doppler anemometry. Chem. Eng. Commun., 1986, 48: 377–388.

[26] Luo Q, Deng C, Xu J, et al. Comparison of the performance of water-sealed and commercial hydrocyclones. Int. J. Miner. Process., 1989, 25: 297–310.

[27] Monredon T C, Hsieh K T, Rajamani R K. Fluid flow of the hydrocyclones: an investigation of device dimensions. Int. J. Miner Process, 1992, 35: 68–83.

[28] Hwang C C, Shen H Q, Zhu G, et al. On the main flow pattern in hydrocyclones. Journal of Fluids Engineering, 1993, 115(1): 21–25.

[29] Collantes J, Concha F, Chine B. Axial symmetric flow model for a flat bottom hydrocyclone. Chemical Engineering Journal, 2000, 80: 257–265.

[30] Chu L Y, Chen W M, Lee X Z. Effect of structural modification on hydrocyclone performance. Separation and Purification Technology, 2000, 21(1–2): 71–86."

[31] Bloor M I G, Ingham D B. Theoretical investigation of the flow in a conical cyclone. Trans. Inst. Chem. Eng., 1973, 51(1): 36–41.

[32] 李琼. 水力旋流器流场规律的研究. 成都科技大学硕士学位论文, 1991.

[33] Fisher M J, Flack R D. Velocity distributions in a hydrocyclone separator. Exp. Fluids, 2002, 32: 302–312.

[34] Hargreaves J H, Silvester R S. Computational fluid dynamics applied to the analysis of de-oiling hydrocyclone performance. Chem. Eng. Res. Des., 1990, 68(4): 365–383.

[35] Small D M, Fitt A D, Thew M T. The influence of swirl and turbulence anisotropy on CFD modeling for hydrocyclones. In: Proc. 5th Int Conf on Hydrocyclones, London, UK, 1996, 4: 49–61.

[36] He P, Salcudean M, Gartshore I S. A numerical simulation of hydrocyclones. Transactions of the Institution of Chemical Engineers, 1999, 77: 429–441.

[37] Dyakowski T, Williams R A. Modeling turbulent flow within a small-diameter hydrocyclone. Chemical Engineering Science, 1993, 68: 1143–1152.

[38] Grifiths W D, Boyson F. Computational fluid dynamics (CFD) and empirical modeling of the performance of a numerical of cyclone samplers. Aerosol Science, 1996, 27(2): 281–304.

[39] Petty C A, Parks S M. Flow predictions within hydrocyclones. Filtration and Separation, 2001, 38(6): 28–34.

[40] Jawarneh A M, Tlilan H, Al-Shyyab A, et al. Strongly swirling flows in a cylindrical separator. Minerals Engineering, 2008, 21: 366–372.

[41] 陆耀军, 周力行, 沈熊. 液-液旋流分离管中强旋湍流的 RNG κ-ε 数值模拟. 水动力学研究与进展, 1999, 14(3): 325–333.

[42] 褚良银, 陈文梅, 李晓钟, 等. 水力旋流器湍流数值模拟及湍流结构. 高校化学工程学报, 1999, 13(2): 107–113.

[43] Hargreaves J H, Silvester R S. Computational fluid dynamics applied to the analysis of de-oiling hydrocyclone performance. Chem. Eng. Res. Des., 1990, 68(4): 365–383.

[44] 刘会猛, 刘永长, 曹立, 等. 一种可应用于旋流计算的非线性代数应力模型. 华中科技大学学报 (自然科学版), 2002, 30(3): 55–57.

[45] Averous J, Fuentes R. Advances in the numerical simulation of hydrocyclone classification. Canadian Metallurgical Quarterly, 1997, 36 (5): 309–314.

[46] Cullivan J C, Williams R A, Cross R. Understanding the hydrocyclone separator through computational fluid dynamics. Chemical Engineering Research & Design, 2003, 81(4): 455–466.

[47] Schuetz S, Mayer G, Bierdel M, Piesche M. Investigations on the flow and separation behaviour of hydrocyclones using computational fluid dynamics. International Journal of Mineral Processing, 2004, 73: 229–237.

[48] Zhao B, Su Y, Zhang J. Simulation of gas flow pattern and separation efficiency in cyclone with conventional single and spiral double inlet configuration. Chemical Engineering Research and Design, 2006, 84(A12): 1158–1165.

[49] Bhaskar K U, Murthy Y R, Raju M R, et al. CFD simulation and experimental validation studies on hydrocyclone. Minerals Engineering, 2007, 20: 60–71.

[50] Delgadillo J A, Rajamani R K. A comparative study of three turbulence-closure models for the hydrocyclone problem. Int. J. Miner. Process, 2005, 77: 217–230.

参考文献

[51] Wang Z B, Ma Y, Jin Y H. Simulation and experiment of flow field in axial-flow hydrocyclone. Chemical Engineering Research and Design, 2011, 89(6): 603–610.

[52] Narasimha M, Brennan M, Holtham P N. Large eddy simulation of hydrocycloneprediction of air-core diameter and shape. Int. J. Miner Process, 2006, 80: 1–14.

[53] Lim E W C, Chen Y R, Wang C H, et al. Experimental and computational studies of multiphase hydrodynamics in a hydrocyclone separator system. Chemical Engineering Science, 2010, 65: 6415–6424.

[54] Hreiz R, Gentric C, Midoux N. Numerical investigation of swirling flow in cylindrical cyclones. Chemical Engineering Research and Design, 2011, 89: 2521–2539.

[55] 舒朝晖, 刘根凡, 陈文梅, 等. 用 Monte Carlo 方法预测油水分离旋流器的分级效率. 工程热物理学报, 2003, 24(1): 59–62.

[56] 王志斌, 陈文梅, 褚良银, 等. 旋流分离器中固体颗粒随机轨道的数值模拟及分离特性分析. 机械工程学报, 2006, 42(6): 142–146.

[57] Zhao B T, Su Y X. Artificial neural network-based modeling of pressure drop coefficient for cyclone separators. Chemical Engineering Research and Design, 2010, 88: 606–613.

[58] Gatski T B, Jongen T. Nonlinear eddy viscosity and algebraic stress models for solving complex turbulent flows. Progress in Aerospace Sciences, 2000, 36: 655–682.

[59] Olson T J, Van Ommen R. Optimizing hydrocyclone design using advanced CFD model. Minerals Engineering, 2004, 17: 713–720.

[60] Delgadillo J A, Rajamani R K. Exploration of hydrocyclone designs using computational fluid dynamics. Int. J. Miner. Process., 2007, 84: 252–261.

[61] 王志斌. 水力旋流器分离过程非线性随机特性研究. 四川大学博士学位论文, 2006.

[62] Smith I C, Thew M T, Colman D A. The effect of split ratio on heavy dispersion liquid-liquid separation in hydrocyclones. In: Proc. 2nd International Conference on Hydrocyclones, Bath, UK, 1984: 177–191.

[63] Colman D A, Thew M T. The concept of hydrocyclones for separating light dispersions and a comparison of field data with laboratory work. In: Proc. 2nd International Conference on Hydrocyclones, Bath, UK, 1984: 217–232.

[64] Chu L Y, Chen W M. Research on the motion of solid particles in a hydrocyclone. Separation Science and Technology, 1993, 28(10): 1875–1886.

[65] Klima M S, Kim B H. Multi-stage wide-angle hydrocyclone circuits for removing fine, high density particles from a low density soil matrix. Journal of Environmental Science and Health, 1997, 32(3): 715–733.

[66] Chu L Y, Chen W M. Research on the solid-liquid two-phase flow field in hydrocyclone. In: Proc. of 18th Int. Miner. Process. Congress, Sydney, Australia, 1993: 1469–1472.

[67] Trawinsky H F. The application of hydrocyclones as versatile separators in chemical and mineral industries. In: Proc. 1st Int. Conf. on Hydrocyclones, BHRA, Cranfield, 1980: 179–188.

[68] Bruce D A, Lloye C L, Leizear W R, et al. Improved hydrocyclone. Filtration and Separation, 1983, 20(30): 218–220.

[69] Yuan H X. A cylindrical hydrocyclone. In: Proc. 4rd Int Conf on Hydrocyclones, Southampton, UK, 1992: 177–190.

[70] Oranje I L. Cyclone-type separators score high in comparative tests. Oil & Gas Journal, 1990, 22: 54–57.

[71] Gomez L E, Mohan R S, Shoham O, et al. Enhanced mechanistic model and field application design of gas-liquid cylindrical cyclone separators. SPE 49174, 1998: 1–12.

[72] Afanador E. Oil-Water Separation in Liquid-Liquid Cylindrical Cyclone Separators. M S Thesis, The University of Tulsa, 1999.

[73] Mathiravedu R S. Design, Performance and Control Strategy Development of Liquid-Liquid Cylindrical Cyclone(LLCC) Separator. M S Thesis, The University of Tulsa, 2001.

[74] Vazquez C O, Afanador E, Gomez L, et al. Oil-water separation in a novel liquid-liquid cylindrical cyclone (LLCC) compact separator-experiments and modeling. Journal of Fluids Engineering, 2004, 126(4): 553–564.

[75] 舒朝晖. 油水分离水力旋流器分离特性及其软件设计的研究. 四川大学博士学位论文, 2001.

[76] 李正兴, 袁惠新, 曹仲文. 旋流式超重力场中液滴动力分析. 化工装备技术, 2005, 26(4): 14–17.

[77] 郭烈锦. 两相与多相流动力学. 西安: 西安交通大学出版社, 2002.

[78] 李雪斌, 袁惠新. 旋流器内液滴聚结机理的研究. 矿山机械, 2006, 34(7): 67–69.

[79] Meldrum N. Hydrocyclones: A solution to produced-water treatment. SPE Production Engineering, 1988, 3(4): 669–676.

[80] Bennett M A, Williams R A. Monitoring the operation of an oil/water separator using impedance tomography. Minerals Engineering, 2004, 17: 605–614.

[81] Husveg T, Rambeau O, Drengstig T, et al. Performance of a deoiling hydrocyclone during variable flow rates. Minerals Engineering, 2007, 20: 368–379.

[82] Smyth I C, Thew M T. A comparison of the separation of heavy particles and droplets in a hydrocyclone. In: 3rd International Conference on Hydrocyclones, Oxford, England, 1987: 193–204.

[83] 郭荣. 水力旋流器湍动两相流运动规律及其分离性能实测研究. 四川联合大学硕士学位论文, 1996.

[84] Rickwood D, Oni ons J, Bendixen B, et al. Prospects for the use of hydrocyclones for biological separation parametric analysis. In: Int. Conf. on Hydrocyclones, Southampton, UK, 1992: 109–119.

[85] 褚良银, 陈文梅. 旋转流分离理论. 北京: 冶金工业出版社, 2002.

[86] Johnson R A, Gibson W E, Libby D R. Performance of liquid-liquid cyclones. Ind. Eng. Chem., Fundam, 1976, 15(2): 110–115.

[87] 霍夫曼 A C, 斯坦因 L E. 旋风分离器——原理、设计和工程应用. 北京: 化学工业出版社, 2004.

[88] Meldrum N. Hydrocyclones: A solution to produced-water treatment. SPE Production Engineering, 1988, 3(4): 669–676.

第6章　导流片型管道式多相分离器

本章的主要内容是通过对井下油水分离技术和研究现状的调研，分析井下油水分离的需求，探讨适合井下应用的分离器结构形式，并加工了相应的物理模型。针对该模型，建立了实验系统，利用 PIV 对流场进行了测量，分析其能否形成有效的管道螺旋流，探讨其油水分离的可能性及优缺点，为后续开展系统的室内实验、数值模拟和理论分析打下基础。

结合井下空间呈一维筒状结构，因此油水分离器最好用管道式结构；考虑到锥形旋流器的处理量与入口尺寸直接相关，而切向式入口造成了径向空间的不紧凑，不能有效地利用井筒径向空间。综上分析和第 5 章的文献调研，在管道中安装导流片导流形成螺旋流，油水两相在所形成的旋流流动中因密度差异在径向上迁移的方向不同来实现油水分离，分离后的油相分布在管中心，水相分布在管壁附近，管壁附近的水相通过壁面上切向开设的孔流出，从而实现油水两相在空间上的分离。

这一构思的关键是导流片，导流片是安装在管道中的结构，其作用是将普通管流转变为圆管螺旋流，产生螺旋流的能量来自入口前流体的能量。导流片将流体的压能转换为导流后切向的动能；而作用力与反作用的原理使得流体通过导流片时，增加了切向流速，压能减小，动能增加。可见导流片的结构对导流后流体的运动有较大的影响，直接影响形成的旋流场质量。导流片的结构主要包括形状、安装角度和数目。导流片设计可以借鉴分析机翼理论，导流片的安装角度对流体轴向运动和阻力的影响，可类比机翼的冲角对流体的升力和阻力的影响。机翼的作用主要是为了获取较大的升力、较小阻力，发现冲角超过 20° 后，流体与翼型表面会造成分离，流动分离可用图 6.1 进行说明。实际流体在流过物体时，并不全是沿物体壁面流动，而是出现了如图 6.1 所示的流动分离现象，在边界 A 处往下游去的一条流线脱离物体表面，A 点上游及流线外侧的流体沿主流方向流动，边界 A 点和尾缘的两条流线之间的流体形成了旋涡，这些旋涡不断产生，并向下游运动，从而形成了流动分离现象。

但若冲角小于 20°，则所转换的切向速度很有限，形成的旋流场较弱，一般用于管道两相流水力输送工业中，其两相在管道中均匀混合。对于分离来说，油水两相最好在管道中实现泾渭分明的相分布，以便实现油水的高效分离。

基于上述分析，若将曲面变成平面，则能够有效避免出现流动分离现象，即导流片为如图 6.2 所示结构，直板半椭圆形。

第 6 章 导流片型管道式多相分离器

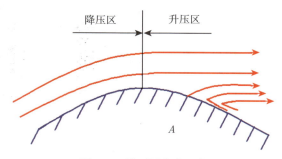

图 6.1 附面层分离现象

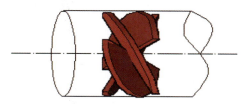

图 6.2 导流片结构示意图

油水在管道中实现分离后,采用壁面切向开孔方式将水除掉,但是对于管道螺旋流动,除去一部分壁面附近的流体后,会造成内部旋流强度的削弱,因此,应该恰当将管进行缩径。具体油水分离位置处结构示意图如图 6.3 所示。

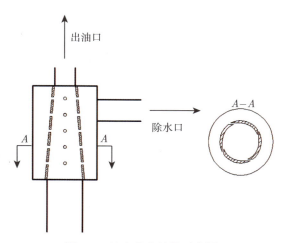

图 6.3 油水分离结构示意图

该新型井下油水分离器——管道式导流片型油水分离器整体结构示意图如图 6.4 所示。其结构由入口处固定倾斜安装在管道中 2 片或 2 片以上的导流片,导流片沿管道的周向均布,并在管道的轴向依次叠置;导流片安装之后,有一段长约为管径 12 倍的直管段;紧邻直管段的是一段逐渐缩径的除水管道,在除水管道上沿管的轴向方向开设有一组以上的除水孔,所述除水孔的外圆周面与所述除水管道的内壁相切,孔径一般在 5mm 以内,除水管道和与其同轴的外筒所形成的腔室上开有与其侧壁相交的出口管道。

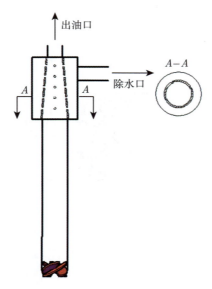

图 6.4 管道式导流片型油水分离器整体结构示意图

这一构思是否可行,关键在于是否能形成有效的旋流场,如能形成旋流场,则根据流线不可交叉穿越的性质,后续的油水两相实现空间上的分离在理论上是行得通的。为了验证构想,可采用粒子图像测速仪 (PIV) 对导流片导流后的流场进行测试。

6.1 管道式导流片型分离器流场实验与分析

6.1.1 管道式导流片型分离器流场

1. 切向速度

前人通过测量旋流器中的切向速度得到如图 6.5 所示分布规律,对于切向速度分布规律目前持两种观点,一种认为从圆心到最大切向速度之间的流动均属于强制涡区域,该区域为 $r'_m = R/3$ 内,最大切向速度与壁面之间的分布属于自由涡区域 [1-3];另一种观点认为强制涡内部的速度分布规律是切向速度与径向位置呈线

6.1 管道式导流片型分离器流场实验与分析

性关系,而实际测到的切向分布只在靠近中心区域内呈线性,在最大切向速度分布附近呈非线性分布,此区域应定义为过渡区,在过渡区外与壁面之间的分布为准自由涡[4,5]。

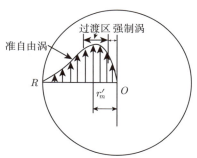

图 6.5 旋流器中切向速度分布图

在管道式导流片型油水分离器的三维旋流运动中,切向速度具有极其重要的地位,它决定着旋转所产生的离心加速度和离心力的大小,是轻质油相分离的决定因素,其分布呈现什么样的特征满足什么样的分布规律,在本章节中,对确定结构的管道式导流片型分离器中切向速度分布规律和影响因素进行了重点研究。

1) 入口流量对切向速度的影响

当改变入口流量,并保证除水口分流比均为 0 的前提下,切向流速的分布如图 6.6 所示。所涉及的分流比定义 (适用本书中关于管道式导流片型分离器) 如下:

$$F = \frac{Q_C}{Q_I} \tag{6.1}$$

其中,Q_C 为除水口流量;Q_I 为入口流量;F 为除水口分流比。

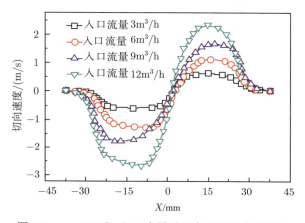

图 6.6 $z = D$ 时,入口流量对切向流速分布的影响

由图 6.6 可以发现, 切向速度的分布从壁面上速度为 0 开始, 随半径的减少, 速度逐渐增大, 在达到最大切向速度之后, 随半径的减少, 速度又逐渐减小最终减少至 0; 并且在半径为 0 的附近即管道轴心附近, 切向速度与半径呈线性关系, 呈现强制涡特性; 在壁面附近, 切向速度与半径成反比例关系, 呈现准自由涡运动特性; 在最大切向速度附近存在一个过渡区域, 使得切向速度与半径关系从线性关系过渡成反比例关系。总体上, 管道式导流片型油水分离器中的运动为组合涡运动加上过渡区域。由图 6.6 还可以看出, 过渡区域在入口流量较小时, 范围较大, 随着入口流量的增大, 过渡区域逐渐变窄。

从图 6.6 还可以看出, 管道式导流片型油水分离器内部的流场分布均匀、对称性较好, 这一点对于后面在锥段进行油水分离具有重要意义。若流场分布不均匀, 那么油相经离心分离后所形成的油核 (即油相聚集所形成的核心) 在圆管内不对称分布, 其形态呈现 S 形, 当在开孔除水段除去等量的水时, 造成油滴被水带走从除水孔流出的概率大于对称分布的油核。

切向速度分布与入口流量的关系总体上近似成比例关系, 即随着流量的增加, 最大切向速度也增大, 增大的倍数与流量增大的倍数几乎相同。

2) 分流比对切向速度的影响

对于井下分离, 分流比涉及能够除去的水的量的大小, 涉及整体管道式导流片型油水分离器的分离效率, 也是影响其分离性能的重要参数之一。为研究其对流场分布的影响, 改变分流比, 对比不同截面的切向流速分布变化规律。

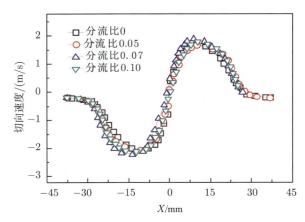

图 6.7　$z = 4D$ 时, 分流比对切向流速分布的影响

当入口流量为 12.00m³/h 时, 改变除水口分流比, 得到圆管横截面的切向速度分布如图 6.7 所示。由图可以看出, 当分流比小于 0.15 时, 在相同的轴向位置处, 切向流速的分布规律基本不变, 大小也基本没有改变, 即分流比的变化对切向流速

的影响较小，切向速度的分布对分流比的变化不是很敏感。

3) 轴向位置对切向速度的影响

不同轴向位置处的最大切向速度值是不同的，为了研究轴向位置的不同对切向速度的影响，将除水口处的阀门关闭，即保证除水口分流比相等，当入口流量为 3.00m³/h 时，不同轴向位置处的切向速度分布如图 6.8 所示。由图可以发现，总体上随着轴向位置的增大，最大切向速度值衰减较小。由图还可以发现，切向速度过渡区域的分布范围较广，过渡区域随着距导流片安装位置的增大，过渡区域变窄，准自由涡区域增大。这点在各个截面上的趋势是一致的。

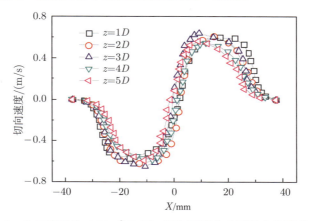

图 6.8 入口流量为 3.00m³/h 时，切向速度分布随轴向位置的变化

4) 切向速度分布规律

综上可以看出，入口流量对切向速度分布的影响较大，切向速度分布的最大值基本上与入口流量呈线性关系，因此，假设切向速度分布与入口平均流速呈正比，即根据上述研究，提出切向速度表达式如下：

$$v_\theta = \overline{V_i} f(r,z) \tag{6.2}$$

其中，r 为无量纲径向位置：

$$r = \frac{x}{R} \tag{6.3}$$

入口平均流速 $\overline{V_i}$ 表达式如下：

$$\overline{V_i} = \frac{Q_i}{A_i} \tag{6.4}$$

经过上述分析，在不同入口流量下，将 $z = D$ 处各点切向速度除以入口平均流速，得到 $f(r,z)$ 随径向位置变化规律，如图 6.9 所示。从图中可以看出，虽然入口流量不同，但是除掉入口平均流速后，$f(r,z)$ 分布的规律较明显，分布规律与切向速度的分布特征相似，即在中心区域与径向位置呈线性关系，在壁面附近的区域呈现准自由涡分布规律。为了简化分析，将其分为两个区，以最大切向速度所在的径向位置处为分界点，由于两部分的速度分布并不是严格的强制涡分布和自由涡分布，故称为拟强制涡区域和拟自由涡区域。

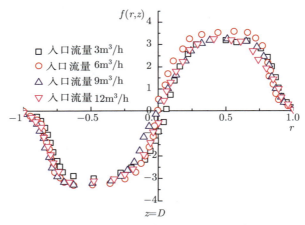

图 6.9　$f(r,z)$ 随径向位置变化规律

通过研究发现，当 $z=D$ 时，在不同入口流量下，图 $rf(r,z) \sim r$ 分布较规律，如图 6.10 所示。

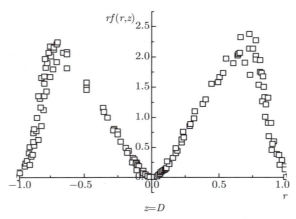

图 6.10　$rf(r,z)$ 随径向位置变化规律

由上述两个图可以发现，所有的数据都满足相似的规律，$f(r,z)$ 在一定范围内与 r 呈线性关系，在一定范围内与 r 呈反比例关系，对于 $z=4D$ 拟合得到数据拟合（图 6.11），发现拟合结果能够与实验吻合较好，得到如下满足高斯分布规律：

6.1 管道式导流片型分离器流场实验与分析

$$rf(r,z) = a + be^{-2\left(\frac{r-c}{d}\right)^2} \tag{6.5}$$

经过数据回归得到在各个截面处参数值，如表 6.1 所示。

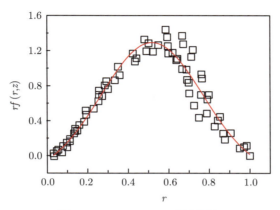

图 6.11　$rf(r,z) \sim r$ 数据回归

表 6.1　各参数值

截面位置	a	b	c	d	R^2
$z = D$	−0.052	2.280	0.608	0.436	0.90
$z = 2D$	−0.100	1.911	0.568	0.421	0.93
$z = 3D$	−0.150	1.676	0.552	0.461	0.90
$z = 4D$	−0.210	1.510	0.519	0.501	0.94
$z = 5D$	−0.214	1.502	0.518	0.500	0.92

其中参数 a 控制整个 $f(r,z)$ 的大小，随着离导流片的距离增大，整体分布向下移动，因此 a 是 z 的函数，随着 z 增大而减小；b 控制 $f(r,z)$ 的峰值大小，$f(r,z)$ 的峰值随着离导流片的距离增大，逐渐减小，最后等于 0，也即旋转流动退化为管流，但不会出现负值，因此 b 的变化趋势是逐渐减小；c 控制 $f(r,z)$ 峰值所处的径向位置，随着离导流片的位置增大，峰值所处的径向位置向圆心靠近，这是由于维持拟强制涡运动模式是需要外部能量输入的，而在管流中没有外部能量输入，因此，随着向前运动，能量不断损耗，强制涡区域不断减小；d 控制 r 在 0 和 1 处的值，其值变化不大。

经过上述分析得到

$$a = -0.108\ln\left(\frac{z}{D}\right) - 0.0418 \tag{6.6}$$

$$b = 2.283\left(\frac{z}{D}\right)^{-0.276} \tag{6.7}$$

$$c = -0.028\frac{z}{D} + 0.633 \tag{6.8}$$

$$d = 0.464 \tag{6.9}$$

因此得到

$$v_\theta = \frac{Q_i}{A_i}f(r,z) = \frac{Q_i}{rA_i}\left[a + be^{-2\left(\frac{r-c}{d}\right)^2}\right] \tag{6.10}$$

其中，a，b，c 为 z/D 的函数。

2. 轴向速度

轴向速度分布规律是管道式导流片型油水分离器流场研究中的另外一个重要方面，切向速度分布决定着轻质油相能否在圆管中实现径向分离，轴向速度分布决定着油水两相能否通过一定的结构设计实现最终的分离。

1) 入口流量对轴向速度的影响

当在除水口分流比均为 0 的前提下，改变入口流量，轴向速度分布在距离导流片不同距离的位置处，其分布随入口流量变化规律如图 6.12 所示。从图中可以明显地看出，在离导流片不同位置处的管截面上的轴向速度分布规律相似，轴向速度分布随入口流量的增大而增加，增加的速度近乎与流量增大的速度成比例关系，且轴向速度分布均呈现多峰特性。同时，与传统锥形旋流器的不同之处在于，轴向速度均大于 0，而在锥形旋流器中，中心轴向速度向上、边壁附近处轴向速度向下。从图还可以看出，轴向速度分布的对称性也非常好，这对于油核的稳定性和油水分离的是非常有利的。

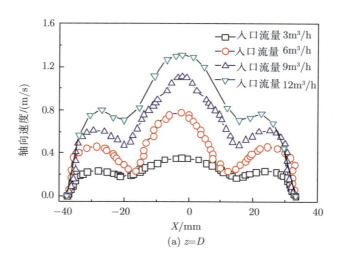

(a) $z=D$

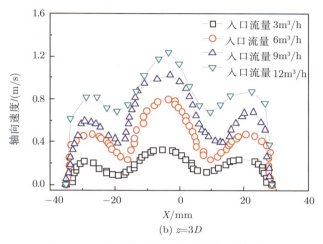

(b) $z=3D$

图 6.12 入口流量对轴向速度分布的影响

从切向速度和轴向速度分布可以初步分析出,设计安装的导流片能行成旋流场,在旋流场中,油水因密度的差异实现径向上的分离,形成分布在中心区域的油核,又因为管中心区域速度大,即油核在管中心快速向前运动,水分布在管壁附近,由管壁附近的切向开孔除去水。这说明新型管道式导流片型油水分离器的结构设计是合理的。

2) 轴向速度分布随轴向位置变化的规律

从图 6.13 可以发现,随着离导流片距离的增大,最大轴向速度值在实验测量范围内总体上衰减趋势不明显 (实际测量范围增大到 5 倍管径处,轴向速度值衰减仍然不明显),从图 6.12 和图 6.13 还可以看出,轴向速度分布沿管中心基本上呈对

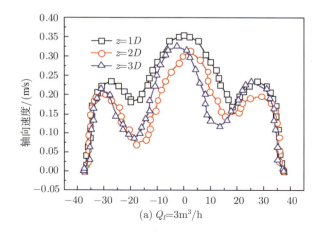

(a) $Q_f=3m^3/h$

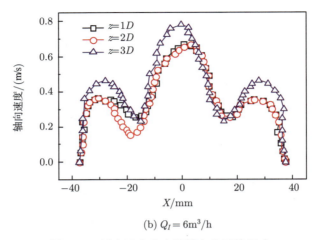

(b) $Q_l = 6\text{m}^3/\text{h}$

图 6.13　轴向速度分布随轴向位置的影响

称关系，局部不对称是由于导流片的安装误差造成的。因此，可以认为轴向速度的分布在管道式导流片型油水分离器中关于管中心对称，沿轴向衰减较少，轴向基本不变。

3) 轴向速度分布规律

由于油水两相主要在圆管导流段实现径向上的分离，因此研究经过导流片后的流场分布具有重要意义。圆管段管径不变，结合由前面分析可以得到，导流片导流后形成的旋流场，轴向速度沿径向位置分布不同，随入口流量的变化较大，随轴向位置的变化不大，即

$$\frac{\partial v_z}{\partial z} = 0 \tag{6.11}$$

因此，对轴向流速的表达式有如下形式：

$$v_z = \overline{V_i} g(r) \tag{6.12}$$

其中，r 和入口平均流速 $\overline{V_i}$ 表达式同前述。

根据前面的表达式得到 $g(r)$ 分布规律如图 6.14 所示。

从图中可以看出，$g(r)$ 分布呈现双峰特性，且在 $r = 0.5$ 附近值最小，与切向速度分布相对应。

通过数据回归，发现四次多项式拟合结果能够与实验吻合得较好，得到如下分布规律：

$$g(r) = -27.362r^4 + 45.944r^3 + 20.753r^2 + 0.179r + 1.884 \tag{6.13}$$

6.1 管道式导流片型分离器流场实验与分析

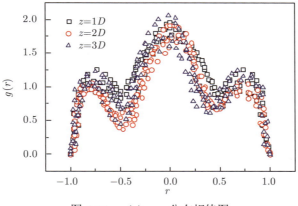

图 6.14 $g(r) \sim r$ 分布规律图

因此得到

$$v_z = \overline{V_i}g(r) = \frac{Q_i}{A_i}(-27.362r^4 + 45.944r^3 + 20.753r^2 + 0.179r + 1.884) \quad (6.14)$$

3. 径向速度

旋流场中径向流速较小，一般与切向流速和轴向流速差 $1 \sim 2$ 个量级，实际测量有一定的难度，在本研究中测量径向速度有困难。为了得到径向流动的规律，需要进行理论分析。柱坐标系下的连续性方程为

$$\frac{\partial v_r}{\partial r} + \frac{1}{r}\frac{\partial v_\theta}{\partial \theta} + \frac{\partial v_z}{\partial z} + \frac{v_r}{r} = 0 \quad (6.15)$$

从前述的研究可知，在管道式导流片型分离器的直圆管导流段中，轴向速度随轴向位置的不同变化不大，即

$$\frac{\partial v_z}{\partial z} = 0 \quad (6.16)$$

又管道式导流片分离器中的切向速度可视为轴对称分布，故

$$\frac{\partial v_r}{\partial r} + \frac{v_r}{r} = 0 \quad (6.17)$$

解得

$$v_r = \frac{C}{r} \quad (6.18)$$

式中，C 为与旋流器结构有关的常数。

在实际旋流分离器的研究中，通常忽略柱体中的连续相径向流动[6,7]。

6.1.2 油水分离可行性分析

从流场测试结果可以看出，这种导流片起旋方式成功地将普通管流转换成螺旋流，形成了油水离心分离所依赖的切向速度分布特征，结合轴向速度分布特点，初步分析了其井下油水分离的可行性。

其结构由入口处固定倾斜安装在管道中 2 片以上的导流片，导流片沿管道的周向均布，并在管道的轴向依次叠置；当含油低于 15% 的油水混合物进入后，遇到导流片，由于导流片周向同向倾斜，沿环形方向每个导流片导流的那部分流体流动基本相同，因此能够达到一致的涡旋效果，这样就保证了经过导流片后，所形成的旋流场是中心对称的。而油水混合液经过导流片导流后在管道中向一个方向运动，在其向前运动过程中，所受的外来流场干扰少，因此，所形成的对称流场较稳定。油水在对称稳定的旋流场中，由于油相密度较小，所受到的向心浮力大于离心力，因此向管中心运动，水则向相反的方向运动，最后分布在管壁附近；在对称稳定流场中，油核稳定的分布在圆形管道中心区域，不会发生大位移的摇晃；这样，就能够起到很好的油水分离效果。当油水在管道中的分离稳定后，进入除水管道，分布在管壁附近的水相通过除水孔流出，进入到由开设有除水孔的管道和与其同轴的外筒所形成的腔室内，最后进入除水管回注地层实现水相的分离；而分布在管中心区域的油相则惯性向前运动，最后沿井中的油套管运动到地面。

该结构的优点是静态导流片安装方法回避了利用动态导流片在井下高压环境下的密封问题，另外，根据 Martin Thew 对旋流器设计必须解决的问题中提到[8]，必须使油核附近的流场对称稳定，如果油核开始摇动，那么油核与周围水相将发生重混。新设计的起旋方式克服了采用单个切向式入口导流对已形成的旋流场的干扰，使旋流场更加对称稳定，且不存在锥形旋流器中油水两相的轴向反向流动，能够避免因油水两相的反向运动所造成的油水重混现象，从而减少了油被回注地层的风险。

6.1.3 管道式导流片型分离器油水分离的工作原理

在得到流场分布规律的基础上，本节对其油水分离原理进行探讨。在第 2 章对旋流分离的分离性能理论研究进行了调研，本章吸纳平衡轨道法和停留时间法的精髓，将两者的分析方法相结合进行出油口含油率计算方法的建模。

平衡轨道法认为，粒子在旋流器中运动会在某个半径处(该半径即为平衡轨道处)达到受力平衡情况，粒子的最终径向位置在平衡轨道处，并存在分离面，当粒子的平衡轨道在分离面内，便会从某个出口流出。该方法有可取之处，粒子在径向上的沉降可视为平衡沉降，关于分离面的假设也符合管道式导流片型分离器中的流动情况，因此本节将基于这个前提进行理论分析。停留时间法认为粒子在旋流器中不会达到受力平衡状态，从入口到底流口的运动时间大于从边壁处运动到某个出口所在径向位置处时间即为分离条件。该方法的时间方法计算比较复杂,如何计算运动时间仍然是个问题。但是该方法以运动时间来判断粒子是否会分离是合理的,因为粒子不会在旋流器中无限停留。

本节的分析将结合上面两种方法,即油滴在管道式导流片型分离器中的径向受力是平衡的,并存在一个分离面,当粒子运动到该分离面的径向迁移时间小于轴向迁移时间时,这样的粒子将会从某个口流出。

6.1.4 油滴在管道式导流片型分离器中的运动分析

油水能否在一定结构的分离器中分离,首先需要研究液滴的受力情况。油滴的受力可分为三个方向:径向、切向和轴向。由于管道式导流片型油水分离器本质上还是利用油水沿管径方向上的浓度分布特点进行分离的,因此,径向上的受力分析将是需要重点考虑的。

油滴在流体中运动所受到的力可大致分为三类:与相对运动无关的力(重力、梯度力、惯性力、浮力等);与流体-油滴相对运动相反的力(阻力、附加质量力、Basset 力等);与流体-油滴相对运动方向相同的力(升力、Magnus 力、Saffman 力等)[9]。

其中附加质量力是当油滴相对于流体做加速度运动时,不但油滴的速度越来越大,而且油滴周围的流体速度也越来越大,因此推动油滴运动时仿佛油滴的质量增加了一样,增加的一部分力就叫做附加质量力。附加质量力在管道式导流片型油水分离器中可忽略。

Basset 力只发生在黏性作用占主导作用的流动中,因油水分离时,水相黏度很小,故 Basset 力可不考虑。

在油水分离中,当油滴为球形时,升力系数为 0,当油滴不为球形时,由于各油滴取向的随机性,这些力互相抵消,因此在本书中不考虑升力。

对于两相流中,需要计入 Saffman 力的地方往往是固壁附近,而往往需要研究边界层外的流场分布特点,因此 Saffman 力在油滴的运动过程中可不考虑。

在此前提下,油滴在管道式导流片型油水分离器中的受力主要有如下几种:

1) 离心力

当流体在管道中产生旋转运动时,因惯性力作用使得油滴有向远离轴心方向运动趋势,即离心力 F_{co},由牛顿第二定律,得

$$F_{co} = m_o a_c = m_o \frac{v_t^2}{r} = \frac{\pi}{6} d_{do}^3 \rho_o \frac{v_\theta^2}{r} \tag{6.19}$$

其中,m_o 为油滴的质量,kg;a_c 为油滴的离心加速度,m/s^2;ρ_o 为油滴的密度,kg/m^3;v_θ 为油滴的切向速度,m/s;d_{do} 为油滴的直径,m;r 为油滴所在处的半径,m。

当入口流量为 $12\text{m}^3/\text{h}$，除水口分流比为 0，$z = 5D$ 时，由切向速度分布可以得到离心加速度的分布图，如图 6.15 所示。从图中可以看出，离心加速度的分布规律与切向速度的分布规律相似，通常通过改变入口结构或者加大入口流量，甚至能够使离心加速度达到上千倍重力加速度。因此，效率远大于利用重力原理分离。

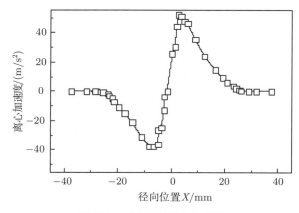

图 6.15　离心加速度分布图

2) 向心浮力

向心浮力本质上属于压力梯度力，在径向上，由于旋涡运动，径向上的压力存在一定的梯度，边界处压力高，中心区域压力低，因此存在一个径向上的压差，合力方向向着轴心。对于连续相水，做旋转运动，可以假设在极小运动时间内，速度变化不是很大，可近似看做匀速圆周运动，这个径向上的压差与指向壁面的离心力是平衡的。因此，对于油滴所占据的体积，油滴表面所受到的压力差等于同样体积的连续相水所受到的离心力，方向指向轴心。因此，油滴所受到的向心浮力 F_P 等于同样体积水所受到的离心力 F_c。

$$F_P = F_{cw} = \frac{\pi}{6} d_{do}^3 \frac{\mathrm{d}p}{\mathrm{d}r} = m_w a_c = m_w \frac{v_\theta^2}{r} = \frac{\pi}{6} d_{do}^3 \rho_w \frac{v_\theta^2}{r} \tag{6.20}$$

式中，p 为压力，单位为 Pa。

3) 摩擦阻力

油滴在径向上沉降所受到的摩擦阻力 F_D 分析方法同重力沉降时摩擦阻力分析方法，故

$$F_D = \frac{C_D \pi d_{do}^2 \rho_w u_{rwo}^2}{8} \tag{6.21}$$

Hoolland-Batt[10] 的研究发现，对于粒径较小的油滴（$1 \sim 10^{-6}\text{cm}$）做径向相对运动时，所受到的连续相流体阻力系数可以应用层流状态下的 Stokes 阻力系数

表示，代入式 (6.21) 化简得
$$F_D = 3\pi\mu d_o u_{rwo} \tag{6.22}$$
油滴在径向上的相对运动方向向着轴心，因此摩擦阻力的方向沿轴心指向壁面。

4) Magnus 力

当油滴在流体中运动，油滴两侧的流体存在速度梯度时，油滴会发生旋转，油滴旋转运动会进一步造成油滴表面与流体相对速度的差异，这样，油滴两侧会形成压力差，压力差相当于给油滴产生一个升力，即 Magnus 力[11]。如图 6.16，由于管道式导流片型油水分离器的切向速度分布从壁面到轴心随半径的减小先增大后减小，因此油滴所受到的 Magnus 力先向着轴心后背离轴心。其表达式如下，方向与 u_{rwo},ω 构成右手系：
$$F_M = \frac{1}{8}\pi d_{do}^3 \rho_w \omega u_{rwo} \tag{6.23}$$

$$\frac{F_M}{F_D} = \frac{\frac{1}{8}\pi d_{do}^3 \rho_w \omega u_{rwo}}{3\pi\mu d_{do} u_{rwo}} = \frac{d_{do}^2 \rho_w \omega}{24\mu} \tag{6.24}$$

其中，ω 为油滴旋转角速度。油滴的旋转角速度为所在位置液体速度场的涡量，因而有
$$\omega = \frac{1}{2r}\frac{\mathrm{d}}{\mathrm{d}r}(v_\theta \cdot r) = \frac{1}{2r}v_\theta + \frac{1}{2}\frac{\mathrm{d}v_\theta}{\mathrm{d}r} = -\frac{2Q_i b(r-c)}{rA_i d}\mathrm{e}^{-2\left(\frac{r-c}{d}\right)^2} \tag{6.25}$$

当油滴粒径为 500μm 时，$\omega \geqslant 100$，Magnus 力与 Stokes 阻力相当，对于油水预分，油滴粒径一般在 100μm 以上，因此，Magnus 力应该考虑。

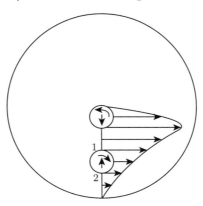

图 6.16 Magnus 力示意图

5) 剪切应力

在管道式导流片型油水分离器内的旋流场中，由于径向上各点的切向速度不同，各流层之间存在着速度梯度，因此就像层流中的剪切应力一样，旋流场中也存

在，其方向与流体的切向速度方向相反，作用在油滴上的效果是使油滴发生变形甚至破碎，其表达式如下：

$$\tau = \mu_w \frac{\mathrm{d}v_\theta}{\mathrm{d}r} \tag{6.26}$$

6.1.5 油滴在旋流场中的破碎及分布规律

在旋流场中，增大流体流速可以提高离心加速度，旋流器的分离效率理应会提高，但实际上，增大流体流速也增大了液滴所受到的切应力，增加了液滴破碎的可能性，减小了液滴直径，使得旋流器的分离效率降低。因此，研究液滴在旋流场中的破碎与分布规律对于研究旋流器的分离性能和实际设计旋流器等具有重要意义。

对于油滴破碎后的分布，目前在旋流场中应用较广泛的是 Rosin-Rammler 分布[12,13]，其分布图如图 6.17 所示。

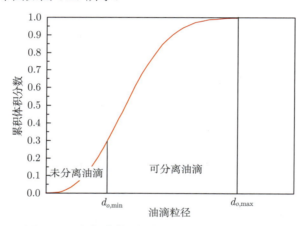

图 6.17 油滴破碎后的粒径累计体积分数分布图

通过假设最大粒径的累计体积分数为 0.999，得到油滴粒径在 $d_{od} \sim d_{d\max}$ 间的累计体积分数表达式为

$$V_{\mathrm{cum}} = \exp\left[-6.9077 \left(\frac{d_{od}}{d_{d\max}}\right)^{2.6}\right] \tag{6.27}$$

从式 (6.27) 可以看出，要求出累计的油滴体积分数，需要得到破碎后的最大稳定粒径，而最大稳定粒径与油滴的破碎原因相关。

引起液滴破碎的主要原因有如下几种情况：

1) 由黏性剪切力所引起的破碎

当油滴受到剪切力或拉伸力作用时，将发生变形破裂成更小的油滴。Talyor[14] 的研究表明，在小形变速率界面张力数和黏度比达到一定值时，球状液滴将发生形

6.1 管道式导流片型分离器流场实验与分析

变,成椭球状直至破碎。

在稳态均匀剪切流中,液滴的破碎用临界界面张力数 k_{crit} 或临界黏度比 $\lambda = \dfrac{\eta_d}{\eta_c}$ 表征:

$$k_{\text{crit}} = \frac{\tau d_{\text{mdrop}}}{\sigma} \tag{6.28}$$

其中,k_{crit} 代表促使液滴变形的剪切应力与抵抗变形的界面张力比值。其表达式中,d_{mdrop} 为最大稳定液滴直径,σ 为界面张力。通过临界张力数求得最大稳定存在的临界粒径,η_c、η_d 分别为连续相和分散相的运动黏度。

在管道式导流片型油水分离器中,由于切向速度与径向位置有关,即各流层之间存在速度梯度,故油滴在做圆周运动时存在着切向的剪切应力作用:

$$\tau = \mu_c \frac{\mathrm{d}v_\theta}{\mathrm{d}r} \tag{6.29}$$

其中,μ_c 为连续相介质的动力黏度。可以看出,连续相的黏度越大,对分散相液滴的剪切应力越大。

在旋流场中的油滴与流体之间的相对速度不是太大,只有在流体和液滴之间的相对速度很大时,液滴破碎才会发生,而在旋流器中,这种相对速度很快降低[15],且这种相对速度引起的剪切应力在油滴粒径较小时,效果是使得其旋转而不是破碎[16]。对于旋流场中,根据黏度比判断油滴是否破碎,Cox[17] 的实验研究发现,当黏度比大于 3 时,油水混合物中大油滴会发生变形而不是破碎。黏度比在本实验中一般大于 3,因而由于时间平均的速度梯度产生的黏性剪切力对油滴破碎的影响在旋流器中一般不占主导地位。

2) 瞬时剪切力和局部压力波动等所引起的破碎

当黏性剪切力较小时,湍流场中油滴的变形取决于油滴振动的动能和表面能的大小关系,如果油滴的动能大于单个油滴和破碎之后产生的所有小油滴之间的表面能差,那么油滴将达到临界破碎状态。

油滴振动的动能 E_k 为

$$E_k = \frac{\pi \rho_w d_{od}^3}{12} \overline{V'^2} \tag{6.30}$$

式中,$\overline{V'^2}$ 为波动速度平方的平均值。

油滴的表面能 E_s 为

$$E_s = \pi d_{od}^2 \sigma \tag{6.31}$$

维持液滴不破碎,需满足下列关系:

$$E_k = \frac{\pi \rho_w d_{od}^3}{12} \overline{V'^2} \leqslant E_s = \pi d_{od}^2 \sigma \tag{6.32}$$

故化简得到

$$We' = \frac{\rho_w d_{od} \overline{V'^2}}{\sigma} \leqslant 12 \tag{6.33}$$

油相在进入管道式导流片型油水分离器的入口阶段,由于入口导流片的导向作用,在一定的条件下将发生油相的变形破碎,在油相的破碎过程中,可视为非聚合体系,因此有

$$\overline{V'^2} = 2(\bar{e}d_{od})^{\frac{2}{3}} \tag{6.34}$$

其中,$\bar{e}$ 为旋流器中单位质量的平均能耗速度,其表达式用如下形式表示:

$$\bar{e} = \frac{Q_i \Delta p}{V \rho_m} \tag{6.35}$$

故得到最大稳定粒径的表达式:

$$d_{d\max} = \left(\frac{6\sigma}{\rho_w}\right)^{0.6} \left(\frac{V\rho_m}{Q_i \Delta p}\right)^{0.4} = \left(\frac{6\sigma}{\rho_w}\right)^{0.6} \left(\frac{\pi D^2 L \rho_m}{4 Q_i \Delta p}\right)^{0.4} \tag{6.36}$$

$$\rho_m = \rho_w(1-\alpha_I) + \rho_o \alpha_I \tag{6.37}$$

α_I 为入口含油率,可见最大油滴粒径与入口流量、含油率、油水两相的密度等参数有关,其中在管道式导流片型分离器中的最大稳定粒径与油相的界面张力成正比,界面张力越大,最大粒径越大;最大稳定粒径与油水分离器的单位体积压降成反比,单位体积的压降越大,最大稳定粒径越小。最大稳定粒径越大,油水越容易分离,因此,选择恰当的结构形式,降低油水分离器的单位体积压降,分离界面张力大的油品,会提高分离性能;而入口流量的增大则会降低最大稳定粒径,降低分离性能,这一关系式的确定为预测管道式导流片型油水分离器的分离性能提供了基础。

由此,得到管道式导流片型分离器中油滴的分离规律为

$$\begin{aligned} V_{\text{cum}} &= \exp\left[-6.9077\left(\frac{d_{od}}{d_{d\max}}\right)^{2.6}\right] \\ &= \exp\left[-6.9077 d_{od}^{2.6} \left(\frac{\rho_w}{6\sigma}\right)^{1.56} \left(\frac{4Q_i \Delta p}{\pi D^2 L \rho_m}\right)^{1.04}\right] \end{aligned} \tag{6.38}$$

该式表达的是粒径在 $d_{od} \sim d_{d\max}$ 的所有油滴的累计体积分数。

6.1.6 管道式导流片型分离器油水分离模型

当管道式导流片型油水分离器竖直安装时,在入口前端安装一段 Φ =50mm 的竖直管段作为过渡稳定段,通过实验发现,当油水两相表观流速发生变化时,入口会呈现不同的流型(图 6.18)。

6.1 管道式导流片型分离器流场实验与分析

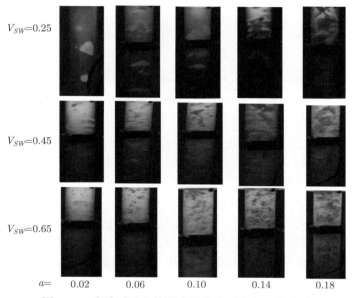

图 6.18 实验时进入管道式导流片型分离器的流型

块状流：油相呈块分散在水相中，此时，在管道式导流片型油水分离器中，经过导流片后油相为连续相分布在管道中心。

絮状流：当入口水表观流速较低、油相流速较高或者水相流速较高、油相表观流速较低时，油相为棉絮状，进入管道式导流片型油水分离器后，油相呈现丝状和油滴分布在管道中心，这种情况下油水两相也比较容易分离。

分散流：油相为直径大小不一的分散相油滴状分布在连续相水中，这种入口流型在平均粒径较大时，分离效率仍然较高，但当入口流量增大时，平均粒径会变小，分离较难。由于在油井中应用油水分离器，因安装井下油水分离器的成本投入，通常选用含油率在 20% 以内、生产量大的油井才具有实际意义，但这样一来，使得管道中的流动通常处于油相平均粒径较小的工况，在研究分散流工况下，分离器中的油水分离性能具有重要的现实意义。

在管道式导流片型油水分离器中的运动为三维螺旋运动，油滴沿管道螺旋前进，既在轴向上前进，又同时做旋转半径越来越小的圆周运动。通常认为，油水分离主要发生在拟自由涡区域，因此根据上述分析，油滴在径向上所受到的力主要有离心力 F_{CO}、向心浮力 F_P、流体介质的阻力 F_D、Magnus 力，当油滴在最大切向速度以外的区域时，Magnus 力指向轴心，由牛顿第二定律可知

$$m_o \frac{\mathrm{d}v_{rwo}}{\mathrm{d}t} = F_P - F_{CO} - F_D + F_M \tag{6.39}$$

当油滴粒径较小,近似看成等速运动时,其径向上的合力可认为等于 0,可化简得

$$u_{rwo} = \frac{4(\rho_w - \rho_o)v_\theta^2 d_{do}^2}{3(24\mu + d_{do}^2 \rho_w \omega)r} \tag{6.40}$$

当油滴的体积浓度超过 0.5% 时,油滴在径向上的沉降为干涉沉降,干涉沉降过程中,油滴沉降速度会有所变化,需要进行修正,根据前人的研究[18],得修正后的沉降速度表达式:

$$u_{rwo} = \frac{4(\rho_w - \rho_o)v_\theta^2 d_{do}^2 (1-\alpha_I)^{4.65}}{3(24\mu + d_{do}^2 \rho_w \omega)r} \tag{6.41}$$

其中,α_I 为入口含油率。

由式 (6.41) 可以发现,沉降速度与粒径的平方、密度差异和离心加速度成正比,与流体介质的黏度成反比。从离心加速度的分布规律(图 6.19)可以看出,当小粒径的油滴靠近管壁时,要想运动到管中心,耗时比靠近中心区域的时间要长得多,这也是锥形旋流器细长的原因之一。从式 (6.41) 还可以看出,油滴的径向迁移速度与切向速度平方成正比,与油滴粒径平方成正比,与油水密度差异成正比,与油滴所在的径向位置成反比,与黏度成反比。从该式可以看出,新型管道式导流片型油水分离器中最大速度分布区比水力旋流器中的要宽,因此,最大迁移速度的作用域广,油滴在其中的分离速度更快,因此可以间接得到其分离性能更优。

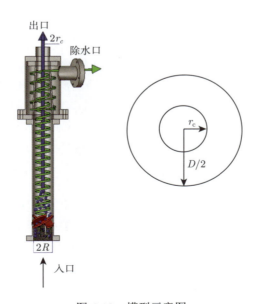

图 6.19 模型示意图

6.1 管道式导流片型分离器流场实验与分析

油水在管道式导流片型油水分离器中的分离可以做以下假设：① 油滴在管道式导流片型分离器中运动到中心一定的区域内便不会从除水孔流出。② 油滴在导流段中，轴向速度与水相同；③ 油滴的径向沉降服从 Stokes 定律；④ 油滴为刚性小球，其与流体介质之间存在径向速度差异，切向速度与轴向速度均与流体介质相同；⑤ 假设油滴在经过导流片破碎后在截面上均匀分布；⑥ 油滴经过导流片导流后在 VTPS 中满足 Rosin-Rammer 分布[18]；⑦ 存在一个半径 (临界半径) 为 r_c 的圆柱面，当油滴一旦运动到该圆柱面内，就不会从除水孔流出；该临界半径确定方法如下：

假设从除水孔流出的流量与 $\left(\Phi\dfrac{D}{2}-r_c\right)$ 之间的环形柱体体积相同，则

$$FQ_I = 2\pi \int_{r_c}^{\frac{D}{2}} v_z r \mathrm{d}r \tag{6.42}$$

在上述前提下，建立油滴在柱形旋流器中的分离模型。

液滴进入强制涡区域进而从出油口流出的条件为：液滴从入口边壁处运动到半径为 r_c 处所需的时间 t_1 小于等于液滴入口运动到导流段末端所在高度所需要的时间 t_2，即 $t_1 \leqslant t_2$。

t_1 的计算：根据假设 (3)，油滴在径向方向的沉降服从 Stokes 定律，得

$$\frac{\mathrm{d}r}{\mathrm{d}t} = u_{rwo} = \frac{4(\rho_w - \rho_o)v_\theta^2 d_{do}^2 (1-\alpha_I)^{4.65}}{3(24\mu + d_{do}^2 \rho_w \omega)r} \tag{6.43}$$

则

$$\int_{r_c}^{\frac{D}{2}} \frac{r(24\mu + d_{do}^2 \rho_w \omega)}{v_\theta^2 (1-\alpha_I)^{4.65}} \mathrm{d}r = \int_0^{t_1} \frac{4d_{do}^2 (\rho_w - \rho_o)}{3\mu} \cdot \mathrm{d}t = \frac{4d_{do}^2(\rho_w - \rho_o)}{3} \cdot t_1 \tag{6.44}$$

积分上下限由油滴沉降的时间位置对应关系确定，$t=0$ 时，油滴在 $D/2$ 处，$t=t_1$ 时，油滴在 r_c 处。

化简式 (6.44) 得

$$t_1 = \frac{3}{4d_{do}^2(\rho_w - \rho_o)(1-\alpha_I)^{4.65}} \int_{r_c}^{\frac{D}{2}} \frac{r(24\mu + d_{do}^2 \rho_w \omega)}{v_\theta^2} \mathrm{d}r \tag{6.45}$$

t_2 的计算：由假设② 可知，其由柱体壁面与半径为 r_c 之间的环形区域体积和环形区域内流量决定，故

$$t_2 = \frac{\text{环形区域的体积}}{\text{环形区域内的流量}} = \frac{\frac{\pi}{4}(D^2 - r_c^2)H}{FQ_I} = \frac{\pi(D^2 - r_c^2)H}{4FQ_I} \tag{6.46}$$

将式 (6.45) 和式 (6.46) 代入 $t_1 \leqslant t_2$ 得

$$d_{do} \geqslant \sqrt{\frac{3FQ_I \int_{r_c}^{\frac{D}{2}} \frac{r(24\mu + d_{do}^2 \rho_w \omega)}{v_\theta^2} \mathrm{d}r}{\pi H(D^2 - r_c^2)(\rho_w - \rho_o)(1-\alpha_I)^{4.65}}} = d_{cdo} \tag{6.47}$$

其中，d_{cdo} 为临界粒径，单位为 m。

由上面分析可得到在一定分流比下油滴不从除水孔流出的临界粒径，从上式还可以看出，油水两相密度差异越小，临界粒径越大；黏度越大，临界粒径越大。其中临界粒径越大，意味着油水越难实现分离。

同时，还可以计算出出油口的含油率：

$$\begin{aligned}
\alpha_{uo} &= \frac{Q_{uo}}{Q_u} = \frac{\exp\left[-6.9077\left(\frac{d_{cdo}}{d_{d\max}}\right)\right]\alpha_I Q_I}{(1-F)Q_I} = \frac{\exp\left[-6.9077\left(\frac{d_{cdo}}{d_{d\max}}\right)^{2.6}\right]\alpha_I}{1-F} \\
&= \frac{\alpha_I}{1-F} \exp\left[-6.9077 \left(\frac{\sqrt{\dfrac{3FQ_I \int_{r_c}^{\frac{D}{2}} \frac{r(24\mu + d_{do}^2 \rho_w \omega)}{v_\theta^2}\mathrm{d}r}{\pi H(D^2-r_c^2)(\rho_w-\rho_o)(1-\alpha_I)^{4.65}}}}{\left(\dfrac{6\sigma}{\rho_w}\right)^{0.6}\left(\dfrac{V\rho_\mathrm{m}}{Q_I \Delta p}\right)^{0.4}}\right)^{2.6}\right]
\end{aligned}$$

(6.48)

其中，α_{uo} 为出油口含油率。

出油口含油率越高，除水口的含油率则越低，分离效果越好，性能越优。从上述推导可以看出，影响新型分离器分离性能的因素很多，如管径、油相界面张力、油相黏度、入口流量、单位体积的压降、切向速度分布等，非常复杂，要想求出上述表达式，还必须研究管道式导流片型油水分离器的压降规律才能预算出出油口含油率。

6.2 管道式导流片型分离器油水分离性能室内实验研究

经过前面的流场测试，分析得到管道式导流片型分离器能够进行有效的油水分离，但油水在其中的具体分离情况仍然需要实际实验验证；除此之外，开展室内实验也是开展管道式导流片型油水分离器数值模拟和计算油水分离效果的基础。因此，在加工相关的物理模型之后，建立了室内实验系统，开展了大量的室内实验工作。

6.2 管道式导流片型分离器油水分离性能室内实验研究

6.2.1 实验装置

先导实验说明新型管道式导流片型分离器达到了预期的目标，能够有效地实现油水分离，但仍存在不足，为了更全面地了解改进后的分离器性能，有必要开展系统的实验。因此，设计加工了图 6.20 所示的 VTPS，其除水孔沿管壁切向开设，所切方向与流体经过导流片导流后的旋向相同，除水孔沿着管轴线周向对称。在此基础上开展系统的研究。实验系统与之前的一样，考虑到实际大部分井是竖直的，因此 VTPS 水平安装改成竖直安装，并在入口、出油口、除水口等处安装压力传感器在实验中测量各点压力，在除水口处安装 DCT1188 超声波流量计实时计量除水口的流量。

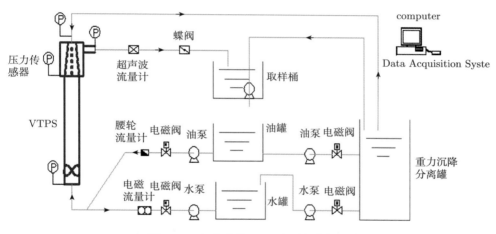

图 6.20　竖直安装 VTPS 系统装置图

导流片是形成旋流场的关键，导流片的安装角度 (导流片与管道横截面的夹角) 和数目是关键的结构参数。为此，在其余结构同图 6.4 的基础上，加工了几种导流片结构，如表 6.2 所示。

表 6.2　不同导流片结构的加工

导流片安装角度 $\alpha/(°)$	20	30	40
导流片数目	3	2, 3, 4	3

实验时变化操作参数，如入口含水率、分流比、入口流量等，具体实验设计结合实际实验条件限制 (有机玻璃管里的最大流量约为 $15m^3/h$)，具体的操作参数设置如表 6.3 所示。实验介质的物性同前所述。

表 6.3 实验过程中操作参数的设置

总流量/(m³/h)	含水率/%	含水率/%	含水率/%	含水率/%	含水率/%
4.07	85.9	88.9	91.9	94.9	97.9
7.30	85.9	88.9	91.9	94.9	97.9
10.60	85.9	88.9	91.9	94.9	97.9
13.80	85.9	88.9	91.9	94.9	97.9
15.30	85.9	88.9	91.9	94.9	97.9

6.2.2 导流片型管道式多相分离器实验分析

两相旋流运动内部流动十分复杂，影响其分离性能的参数众多，主要分为三类：结构参数、操作参数和物性参数。对于影响管式旋流分离器分离性能的操作参数和物性参数种类和前人研究的锥形旋流器一样，主要分为入口流量、含水率、分流比三种操作参数；油相密度、黏度、粒度等物性参数。对于影响其分离性能的结构参数，与锥形旋流器不同的是，这种旋流器主要靠导流片起旋和除水孔除水，因此，影响的结构参数除了管径、长度等，还应主要包括导流片结构和除水孔结构参数。为了研究各参数对其分离性能的影响，在实验室开展了下列工作。在上述的实验条件下，进行一系列的实验，下面是对实验结果的讨论。

1. 分流比对油水分离效果的影响

对 3 叶片 20° 的 VTPS，在入口流量为 4.07m³/h，含水率为 90.9%，不同分流比时 VTPS 中油水分离效果如图 6.21 所示。从图中可以看出，随着分流比增大，油核逐渐变粗；当分流比较小时，大部分来流从出油口流出，上出口截面的平

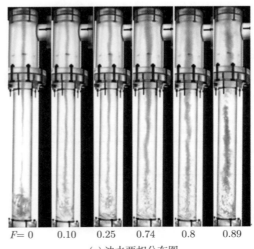

$F=$ 0   0.10   0.25   0.74   0.8   0.89
(a) 油水两相分布图

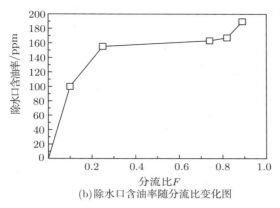

(b)除水口含油率随分流比变化图

图 6.21 变化分流比对 VTPS 中油水分离的影响

均轴向速度大,油核的平均轴向速度较大,油核迅速从出油口流出分流器;当分流比增大到 89.2%时,在入口来流工况不变的情况下,大部分来流从除水口流出,小部分来流从出油口流出,出油口的平均轴向速度减小,油核的平均轴向速度减小,停留在分离器中的油增加,因而油核变粗。当油核变粗后,油核中的油滴从锥段除水孔流出的概率增大,使得除水口中的水中含油率增大;当分流比继续增大时,除水口的水中含油率继续升高,直至达到入口含油率。从图中还可以看出,随着分流比的增大,油核在除水段基本上可以看成始终沿管道呈对称分布,这一点为后续油水分离理论的建立奠定了基础,即从除水孔流出的水总是壁面附近的流体。

2. 入口含水率对油水分离效果的影响

当入口流量为 $3.66 m^3/h$,导流片安装角度同上,含水率分别为 97.9%、94.9%、91.9%、88.9%、85.9%时,不同分流比下分离器中油核及除水口含油率的变化情况如图 6.22 所示。从图中可以发现,油核在分离器中分布在管道中心;当分流比很大时,油核仍然存在,且除水口的水中含油率一直在 1000ppm 以下,说明利用这种分离器除掉大部分的水是可行的。同时随着含油率的增大,分离器中油核普遍变粗,当油核粗到一定程度,使其从孔中流出的概率增大,即分离器存在一定的入口含油率工作区间,从实验发现,入口含油率最好在 15% 以内。

从除水口的水中含油率可以看出,随着入口含水率的降低,除水口的含油率逐渐增高,除去的水中含油率低于 950ppm 的比例下降。入口含水率为 97.9%时,可除去至少 94%的含油率低于 950ppm 的水;入口含水率降低为 82.9%时,可除去 70%的含油率低于 950ppm 的水。相对于 Li Dong、Hmed A. Yusif 等研究的锥形旋流器而言,处理量、分流比和有效入口含水率工作区间均增大,因此新型管道式导流片型油水分离器可以说在性能上更优。

· 164 ·　　第 6 章　导流片型管道式多相分离器

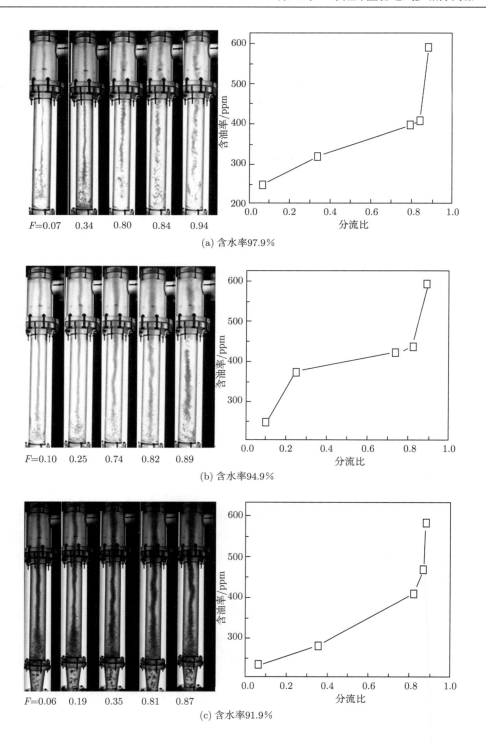

(a) 含水率97.9%

(b) 含水率94.9%

(c) 含水率91.9%

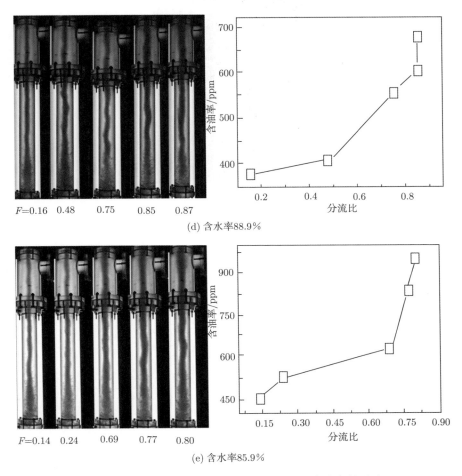

图 6.22 入口含水率对油水两相在 VTPS 中分离的影响

3. 导流片的数目对油水分离效果的影响

当入口流量为 7.30m³/h, 入口含水率为 97.9%, 分流比为 0 时, 不同数目的导流片导流后, 在管道式导流片型油水分离器中的油水两相分布如图 6.23 所示。可以看出, 在该入口流量下, 随着导流片数目的增大, 油核越对称, 油核形状越光滑。可见导流片数目增多, 流体被导流后的均化程度越高, 流场越对称, 因此形成的油核越好。

当导流片的安装角度不变时, 从油水两相在管道式导流片型分离器中的分布可以看出, 随着导流片数目的增大, 油滴运动到轴心所需的轴向距离减小, 平均油滴尺寸变化不大。从图 6.24 也可以看出, 在相同的入口工况下, 4 个叶片导流后

4叶片30°　3叶片30°　2叶片30°

图 6.23　不同导流片数目对油水分离的影响

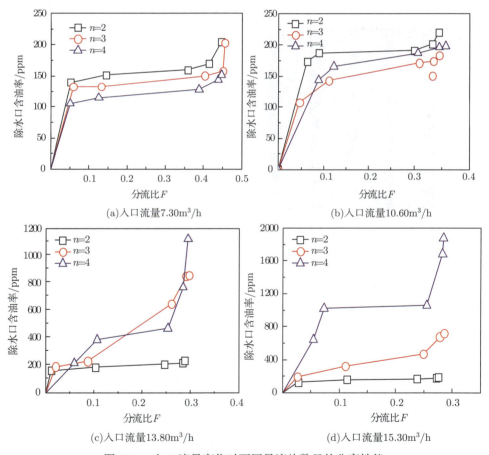

(a) 入口流量 7.30m³/h　　　　　　(b) 入口流量 10.60m³/h

(c) 入口流量 13.80m³/h　　　　　　(d) 入口流量 15.30m³/h

图 6.24　入口流量变化时不同导流片数目的分离性能

的水中含油率最低,这一点不难解释,当导流片的安装角度相同时,导流片数目增大,更多的流体被导流,流体平均导流程度增大,即导流后的平均切向速度增大,由油滴的径向迁移速度与切向速度的关系可以发现,切向速度增大,径向迁移速度增大。但是导流片的数目并不是越多越好,太多也会造成油滴的乳化。

当导流片安装角度为 30°、入口含水率为 97.9%时,图 6.24 显示了除水口水中含油率随着导流片的数目和入口混合流速的变化规律。可以看出,当入口混合流速较小时,4 个导流片导流后的除水口水中含油率最低,随着入口流量增大到 $10.60 \mathrm{m}^3/\mathrm{h}$ 时,3 个导流片导流后的除水口水中含油率最低,当入口流量继续增大到 $13.80 \mathrm{m}^3/\mathrm{h}$ 后,两个导流片导流后的除水口水中含油率最低。这一点不难解释,当入口流量较低时,导流片数目多可以增大导流后的平均切向速度,当入口流量较高时,导流片数目越多,导流片之间的空间越小,导流后的油滴剪切破碎加剧,油滴粒径减小,由于油滴所受到的力与粒径的平方成正比,因此高流量时反而导流片数目越少越好。

从上述实验可以发现,将入口流量换算成相应的入口混合流速,当入口混合流速低于 $0.67\mathrm{m/s}$ 时,最优导流片数目为 4 片;当入口混合流速在 $0.67 \sim 0.87 \mathrm{m/s}$ 时,最优导流片数目为 3 片;当入口混合流速大于 $0.87\mathrm{m/s}$ 时,最优导流片数目为 2 片。

4. 导流片的安装角度对油水分离效果的影响

当入口流量为 $7.30\mathrm{m}^3/\mathrm{h}$,入口含水率为 97.9%,分流比为 0 时,不同导流片安装角度导流后油水的分布图见图 6.25。从图可以看出,当导流片的数目不变时,随着导流片角度的增大,油滴运动到轴心所需的轴向距离越大,也就是说,同样的入口条件下,导流片的角度越大,油滴从壁面附近运动到轴心所需的时间越长,根据径向迁移的路程等于径向速度乘以时间得到径向迁移速度也就越小,从这个角度看,导流片的安装角度小,导流后所产生的径向迁移速度大。从图中还可以看出,随着导流片安装角度增大,油相在导流后的平均粒径越大,也就是说,安装角度小,油滴在导流片导流后剪切破碎后的平均粒径小。因此,应该存在最优角度,使得油滴不至于剪切过碎,同时在之后的旋流场中获得较大的径向迁移速度。

图 6.26 显示了不同入口流量下,除水口含油率随分流比变化规律图。与导流片数目对管道式导流片型油水分离器分离性能影响规律的不同之处在于,变化入口流量,除水口水中含油率在分流比变化时,始终是 30° 的安装角度导流后的水中含油率最低,也即导流片的安装角度存在最优角度,而不是像导流片数目一样,随着入口流量变化,最优导流片数目发生变化。当入口流量逐渐增大,还可以发现,当入口流量低于 $13.8\mathrm{m}^3/\mathrm{h}$ 时,20° 的相对于 40° 的安装角度在导流后的水中含油率总是较低;当入口流量高于 $13.8\mathrm{m}^3/\mathrm{h}$ 时,20° 的相对于 40° 的安装角度在导流

3叶片20°　　3叶片30°　　3叶片40°

图 6.25　不同导流片安装角度对油水分离的影响

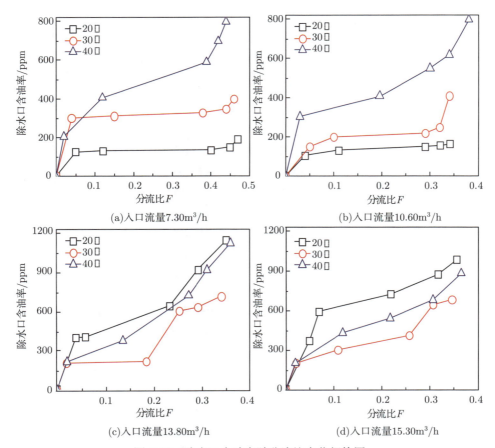

(a) 入口流量 7.30m³/h

(b) 入口流量 10.60m³/h

(c) 入口流量 13.80m³/h

(d) 入口流量 15.30m³/h

图 6.26　除水口含油率随分流比变化规律图

后的水中含油率总是较高。由此可以推测,当入口流速低于 0.87m/s 时,最优角度是大于 20° 小于 30°;当入口流速高于 0.87m/s 时,导流片的最优角度大于 30° 小于 40°。

5. 导流片型管道式多相分离器压降比规律

在油水旋流分离器中,压降比是重要的操作参数,研究压降比的变化规律对于旋流器的工程设计和性能预测控制有重要的指导意义[19]。而管道式导流片型油水分离器与传统的锥形旋流器不同,其中的油水两相流动特征是油相基本上位于管道中心,水相大部分位于管壁附近,接近于环状流,但是与传统的环状流又有所不同,油水均做螺旋旋转向前运动,对这种新流型中的油水两相流动规律的研究目前还不完善。当将这种管道式导流片型油水分离器应用于井下之前,需要对其压降比进行预估以便进行选泵及系统工艺设计等,还可为其陆上工程应用自动控制提供参考。因此,研究其中油水两相流动的压降规律具有重要意义。由于管道式导流片型油水分离器中流动复杂,直接获得压降关系式是很困难的。为了得到压降比规律,本书通过量纲分析,得到无量纲参数关系。

首先对压降进行定义,由于霍尼韦尔 (Honeywell 24PC 系列) 压力传感器测量的表压,所以压力差值并不是管道流动实验段的真实压差,因此必须根据水静力学方程对实验结果进行校正。

如图 6.27 所示,对于竖直向上流动,两端的压力分别为 p_1 和 p_2。由于管道式导流片型油水分离器中的油相分布在管中心,水相分布在管壁附近,则根据两测量点之间的伯努利方程存在如下关系,以 1 所在的水平面为基准面,得到

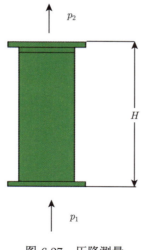

图 6.27 压降测量

$$0 + \frac{p_1}{\rho g} + \frac{v_1^2}{2g} = H + \frac{p_2}{\rho g} + \frac{v_2^2}{2g} + h_f \tag{6.49}$$

式中，h_f 为流动过程中的水头损失。简化并转化为压降关系式有

$$p_1 = \rho g H + p_2 + \rho g h_f \tag{6.50}$$

则压降损失 $\Delta p_损$ 为

$$\Delta p_损 = \rho g h_f = p_1 - p_2 - \rho g H \tag{6.51}$$

再求管道式导流片型分离器的压降包括入口到上部出油口的压降 Δp_{IU} 和入口到除水口的压降 Δp_{IC} 时，根据上式做相应的修正：

$$\Delta p_{IU} = p_I - p_C - \rho g H_{IU} \tag{6.52}$$

$$\Delta p_{IC} = p_I - p_C - \rho g H_{IC} \tag{6.53}$$

Δp_{IU} 和 Δp_{IC} 的比值定义为压降比 P_r。

为了求得压降比的计算规律，可以间接从无量纲参数之间的关系求得，决定管道式导流片型分离器入口到出口压降的因素有：混合密度 ρ_m，混合黏度 μ_m，混合流速 V_m，安装导流片的管道直径 D，锥段直径 D_1，管道式导流片型油水分离器长度 L，孔径 D_2，入口含油率 α_I，管道特征形状因素 ς，导流片与管线夹角 α，数目 n，分流比 F。根据量纲分析的 Buckingham 原理，建立压降的数学模型如下：

$$\Delta p = f(V_m, \mu_m, \rho_m, \alpha_I, F, D, D_1, D_2, L, \zeta, n, \alpha, \cdots) \tag{6.54}$$

$$V_m = V_{SW}(1 - \lambda_O) + V_{SO}\lambda_O, \quad \rho_m = \rho_W(1 - \lambda_O) + \rho_O \lambda_O \tag{6.55}$$

根据量纲分析理论，选取 V_m、ρ_m 和 D 为基本量纲，则可以组成如下的无量纲量：

$$\pi_1 = \frac{\Delta P}{0.5 \rho_m V_m^2} = Eu \tag{6.56}$$

$$\pi_2 = \frac{\rho_m D V_m}{\mu_m} = Re_m \tag{6.57}$$

$$\pi_3 = F \tag{6.58}$$

$$\pi_4 = n \tag{6.59}$$

$$\pi_5 = \alpha \tag{6.60}$$

$$\pi_6 = \frac{\zeta}{D} \tag{6.61}$$

$$\pi_7 = \frac{D_1}{D} \tag{6.62}$$

6.2 管道式导流片型分离器油水分离性能室内实验研究

$$\pi_8 = \frac{D_2}{D} \tag{6.63}$$

$$\pi_9 = \frac{L}{D} \tag{6.64}$$

根据 Flores[19] 的研究，对于两相环状流中，混合雷诺数中的混合黏度应取管内连续相的黏度表示，又因管道式导流片型油水分离器中的连续相为水相，因此

$$\pi_2 = \frac{\rho_m D V_m}{\mu_c} = Re_m \tag{6.65}$$

因此得到相应的无量纲关系为

$$Eu = \frac{\Delta P}{0.5\rho_m V_m^2} = f\left(Re_m = \frac{\rho_m D V_m}{\mu_c}, F, \frac{\zeta}{D}, \frac{D_1}{D}, \frac{D_2}{D}, \frac{L}{D}, n, \alpha\right) \tag{6.66}$$

由于压降比定义如下所示，

$$P_r = \frac{\Delta p_{IU}}{\Delta p_{IC}} = \frac{\dfrac{\Delta p_{IU}}{0.5\rho_m V_m^2}}{\dfrac{\Delta p_{IC}}{0.5\rho_m V_m^2}} = f_1\left(Re_m = \frac{\rho_m V_m^D}{\mu_c}, F\right) \tag{6.67}$$

可见，对于结构一定的 VTPS，压降比是混合雷诺数和分流比的函数。

当两个导流片安装角度均为 30°，其余结构同图 6.28 时，图 6.29 显示了变化入口混合雷诺数 Re_m 时，P_r 与 F 之间的关系。从图中可以看出，入口混合雷诺数

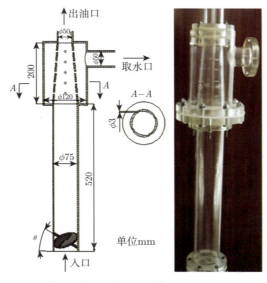

图 6.28 导流片型管道式油水分离器结构尺寸图和实物图

变化时，分流比和压降比的关系整体上服从相同的分布规律。也即对与压降比的计算，入口混合雷诺数影响较小，分流比的影响较大，经过拟合得到如下分布规律：

$$P_r = 1.90\mathrm{e}^{\frac{-F}{0.136}} + 0.076, \quad R^2 = 0.98 \tag{6.68}$$

研究发现，结构如图 6.28 所示，通过对 3 叶片 30°、3 叶片 40°、3 叶片 20° 和 4 叶片 30° 的管道式导流片型油水分离器无量纲参数之间的关系分析得知，均服从上述规律，现将其满足的规律用如下简式表示：

$$P_r = a'\mathrm{e}^{\frac{-F}{b'}} + c' \tag{6.69}$$

经过回归得到各参数如表 6.4 所示。

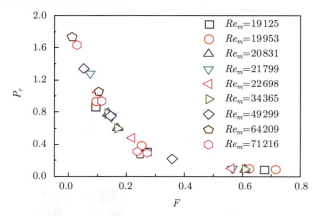

图 6.29 不同入口混合雷诺数下压降比随分流比变化规律

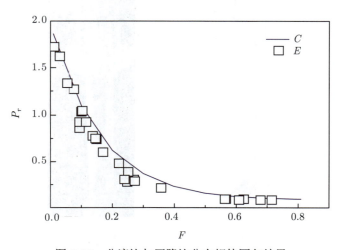

图 6.30 分流比与压降比分布规律回归结果

6.2 管道式导流片型分离器油水分离性能室内实验研究

表 6.4 各导流片对应的压降比参数表

	a	b	c	R^2
3 叶片 20°	0.92	0.22	0.40	0.94
3 叶片 40°	1.64	0.13	0.14	0.96
3 叶片 30°	1.784	0.149	0.085	0.99
2 叶片 30°	1.90	0.136	0.076	0.98
4 叶片 30°	1.78	0.153	0.10	0.98

6.2.3 双级管道式导流片型油水分离器分离性能实验

对于旋流器,通常采用串联的形式提高处理后的效果,因此,对于这种新型的井下油水旋流分离器,也开展了两级结构的探索研究。旋流器要想实现两级分离,有两种模式,即出油口串联和除水口串联。其中除水口串联示意图见图 6.31:由前面的实验可以发现,从 a 点到 b 点的压降远小于 a 点到 c 点的压降,如果在 c 处装一个导流片,继续进行分离,分离后的油相从 e 内管中出来与 b 管中的富油流体合流,则会由于 e 处的压力远小于 d 处的压力,导致无法合流,甚至使流动发生串流 (即 d 处的反而流向 e 中) 而不能达到目的。在上述分析下,摒弃除水口串联设计,考虑出油口串联,结构设计如图 6.32 所示。

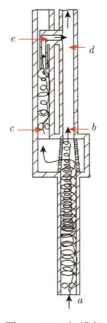

图 6.31 双级设想

根据前人的实际井下油水分离经验，系统过于复杂不仅容易造成事故，而且难以操作，因此系统越简单越好。对于两级出油口串联，双级管道式导流片型油水分离器的概念设计如图 6.32 所示，一级导流片角度 35°，二级导流片角度 25°。两级的除水筒共同用一个，即除水后进入同一个腔室内，除水筒长 2m。由于这种两级 VTPS，除水口的管径和主管路管径相同，因此，在实际实验时将取样口设置在出油口处。

图 6.32　双级 VTPS 结构设计图

当入口流量为 $3.66 m^3/h$，含水率分别为 94.9%、91.9%，2 号油品条件下，不同分流比下分离器除水口含油率的变化与之前的设计对比情况如图 6.33 所示。从对比可以看出，双级的分离效果反而没有单级的好；实际实验时也可以观察到，双级 VTPS 分离时，难调试，除水口分流比小的时候，从一级除水孔流出的水在除水腔中会继续运动到二级除水孔处，从二级除水孔进入二级管内部，二级发挥不出作用；当除水口分流比增大的时候，由于油核本来就较粗，油核在二级时离壁面较近，造成油相从除水孔流出。实际实验时还发现二级导流片的安装对于增强旋流的作用不明显。因此，综合分析，这种二级 VTPS 不可行。

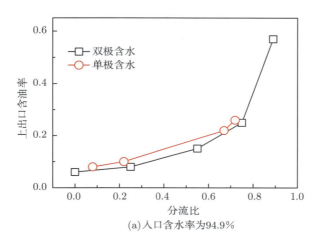

(a) 入口含水率为94.9%

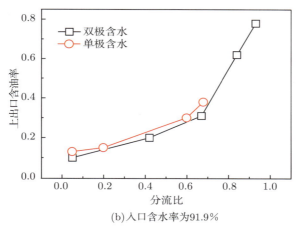

(b) 入口含水率为91.9%

图 6.33 单双级 VTPS 分离效果对比图

6.3 管道式导流片型分离器内油水两相流动的数值计算研究

管道式导流片型分离器中油水两相旋流运动十分复杂，影响其性能的参数众多，全靠室内实验来研究，工作量大，费用高，周期长。利用数值计算方法可以对一些复杂结构进行数值实验，代替加工物理样机和其他辅助设备，省事省钱，具有很多优点。

6.2 节对部分结构参数 (如导流片的安装角度及数目) 进行了研究，但是导流片的形状采用直板是否是实际最有效的办法还需要开展研究；除此之外，对油相的密度、导流管道的长细比、除水筒的直径、除水口的开设方式、除水孔的开设方式等也需要开展实验研究；这些参数在管道式导流片型分离器设计时应该如何考虑也是一个需要确定的工作。为此，鉴于实验的限制和数值计算的优点，本章对新型管道式导流片型分离器中油水分离进行数值模拟，可得到内部流动的细节，还可对分离器的结构尺寸进行优化，为改进管道式导流片型油水分离器的结构设计奠定了基础。

6.3.1 管道式导流片型分离器流场特性

1. 速度场分布特性

图 6.34(a) 为迹线示意图。从图中可以看出，在外围的流体质点最后经过除水孔从除水口流出，而在管道中心区域的流体质点在惯性作用下继续向前螺旋运动从出油口流出。在实际进行油水分离时，因为油相密度小，径向上的合力指向轴心，油滴运动到管道中心区域；水相则相反，运动到管壁附近，运动至锥段开孔段时由分布在管壁附近的孔流出，从而油水两相实现了分离。

图 6.34(b) 显示了经过除水孔的流线图,可以推测,从除水孔流出的流体是分布在与壁面间距约为孔径的空间区域内的流体,这一点证明了前面理论模型的假设是正确的。图 6.34(c) 和 (d) 分别显示了切向速度、轴向速度分布随轴向位置变化规律。从图中可以看出,在管道式导流片型油水分离器中,切向速度衰减不明显,这一点与实验结果一致,该特点对于油水分离具有重要意义,能够使油水两相在一定的范围内稳定地分离;轴向速度分布在管道式导流片型油水分离器不存在轴向反向运动。因此,轴向速度在管道中心存在一个发展过程,在距离导流片一定距离后,可以看到轴向速度从壁面到管中心存在两个最大值峰值,且两个峰值差不多高。这与实验有所出入,经初步分析,在实际管道入口处,来流的轴向速度分布为抛物线形,而在本计算中,入口的速度为统一均匀一刀切的分布,与实际不符,故造成了导流后的两个峰值大小差不多,实际实验测试是准确的,这一点需要在以后的计算中进行改进。

2. 压力场分布特性

图 6.35 显示压力场分布特性,可以看出,压力分布在壁面附近较大,管中心区域较小,对于密度较小的油相来说,径向上存在压力差,也是向心浮力的产生原因,是油相向轴心运动的重要推动因素;还可以发现,在经过导流片时,压力降低明显,说明导流片成功地将来流的压能转换成流体的旋流动能,证明之前的推断是正确的。

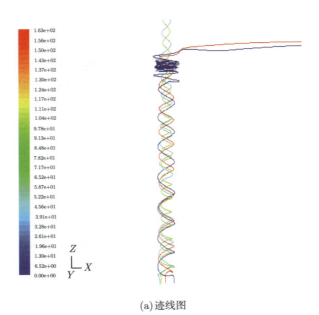

(a) 迹线图

6.3 管道式导流片型分离器内油水两相流动的数值计算研究 · 177 ·

(b) 通过孔的流线图

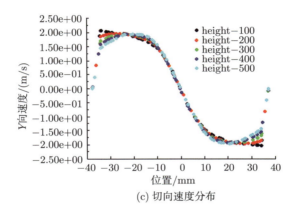

(c) 切向速度分布

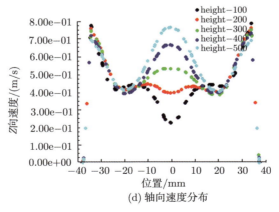

(d) 轴向速度分布

图 6.34 流场分布

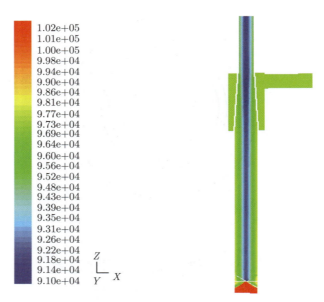

图 6.35　压力场分布特性

观察压力分布云图还可以发现,在导流段、锥段除水段的内筒和外筒的压力分布值基本上大小一致,说明经过除水孔,压力降低较小,基本上没有什么压力损失。计算入口到除水口、出油口也可以发现,压降很小,从第 3 章分析发现,分离器单位体积压降小,最大稳定粒径大,平均粒径大,分离效果好。这一结论也可以从其内部流场分布特点推出,压降与轴向速度梯度成正比,从前面的实验与计算结果均可发现,速度随离导流片的距离增大,衰减较小,也即轴向速度梯度小,因此压降也小,这说明新型分离器性能优良。

6.3.2　设计参数优化分析

从前面的分析可以看出,影响油水分离性能的因素有导流片结构和孔的形状、开设方式、油相密度粒度等参数,这些参数对油水分离性能有何影响、影响程度等对管道式导流片型油水分离器的设计及后期实验调试具有重要的指导意义。为此,在本书中对各参数进行了数值计算,并开展了参数优化分析。

参数优化分析方法假设系统特性为 $F = f(x_1, x_2, \cdots, x_n)$ (x_i 为决定系统特性的参数),给定某一基准状态 $X^* = (x_1^*, x_2^*, \cdots, x_n^*)$,$F^* = f(X^*)$,令参数在其可能范围内变动,得到这些参数的变动系统特性 F 偏离基准状态 F^* 的趋势和程度即为参数优化分析。

系统特性 F 偏离基准状态 F^* 的趋势和程度越大,则系统特性对该函数越敏感。结合管道式导流片型油水分离器,将系统特性函数 $F = f(x_1, x_2, \cdots, x_n)$ 定义

6.3 管道式导流片型分离器内油水两相流动的数值计算研究

为上出口含油率,将基准状态 F^* 定义为入口含油率,分析参数变化时上出口含油率偏离入口含油率的程度 a_i(即增稠度):

$$a_i = \frac{F - F^*}{F^*} \tag{6.70}$$

当参数变化时,$|a_{i1} - a_{in}|(1,\cdots,n$ 为各个参数的变化情况) 越大,代表管道式导流片型分离器中该参数对油水分离性能影响越大,影响越大的参数在结构设计时应该重点考虑。

本章的管道式导流片型油水分离器的结构同图 6.28 所示,在此基础上取基态参数如下:

上出口含油率:0.10;入口流量:10.33m³/h;除水口分流比:0.7;导流片角度:20°;柱体直径:75mm;除水筒直径:130mm;油滴粒径:500μm;油相密度:836kg/m³;油相黏度:245mPa·s;除水筒:切向开设;除水孔:切向 5mm;导流片形状:直板与前述实验模型相同。

6.3.3 导流片形状对 VTPS 油水分离性能的影响

在管道式导流片型分离器中,导流片是形成旋流场的关键。在前述研究中,对导流片的安装角度和数目进行了研究,在数值模拟中,对导流片的形状进行了研究。保证导流片的片数相等,导流片出口处切线与管道横截面的夹角均为 20°,同时保证导流片外准线沿圆周方向缠绕 180°,变化导流片形状,如图 6.36 所示。

A 圆弧+切线+中间棒　　B 圆弧+切线　　C 空间螺旋线　　D 直板导流

图 6.36 不同导流片形状示意图

当导流片安装角度为 20° 时,改变导流片形状,发现在入口流量为 10.33m³/h,入口含油率为 0.10,除水口分流比为 0.70,黏度为 0.245Pa·s 时各导流片形式导流后轴截面相分布图如图 6.37 所示。直观看来,A 型即圆弧 + 切线型的叶片安装在一个粗棒上导流后的油核浓度较高,而 B 型导流后的效果最差。从图 6.37 可以看出,在其余工况一致的条件下,A 和 D 型的导流片导流后的上出口含油率增稠度较大,B 和 C 相当,其中 A 型导流片导流后的增稠度最大,即其上出口含油率最高。这是由于其导流片安装在中间棒上，同时减小了流通面积，提高了流速，增大了离心力，使油水两相分离得更彻底。同时也可以看到，A 型和 D 型导流后的效果类似，但是 D 型显然加工方便，容易控制，若 A 型在加工时出现偏差，也会造成实际效果的差别。因此，实际工程应用仍然推荐使用直板型即 D 型。

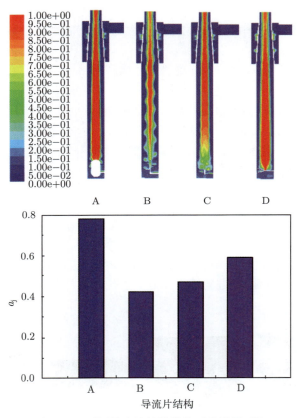

图 6.37　不同导流片结构导流后的效果对比

6.3.4　长径比对 VTPS 油水分离性能的影响

当入口流量为 $10.33\text{m}^3/\text{h}$，入口含油率为 0.10，除水口分流比为 0.7，其余结构均相同时，图 6.38 显示了柱体直径对油水分离性能的影响，其中蓝色部分代表水相。由图可以看出，随着柱体直径的增大，锥段内管中的油核浓度越高，与之对应的是除水口处的水中含油率越低。在开设相同直径的除水孔时，管道式导流片型油水分离器的管径大，分离后壁面附近的水相所占区域比例增大，从油水分离的原理知，从除水孔流出的液体是与壁面相距一定距离内的流体，因此直径恰当的增大有利于提高分离效果。观察计算结果可以发现,油核的直径随管径的增大变化较小,因此,直径增大,水所占的空间增大,从除水孔除水时对油核的影响较小,故直径大有利于油水分离。与此相应的是,在相同的柱体直径和其余条件下,除水孔直径越小,除水口中的水中含油率越低。

当柱体直径增大时,可以看出上出口含油率增稠度增大,也即上出口含油率增大,由质量守恒定律可知,除水口含油率减小。

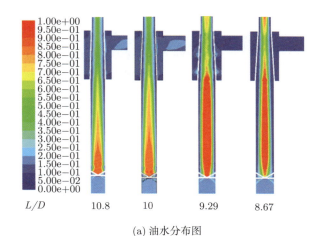

(a) 油水分布图

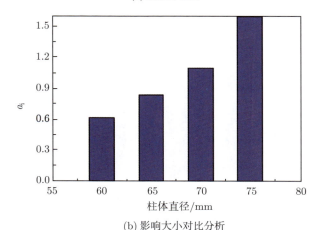

(b) 影响大小对比分析

图 6.38 柱体直径对油水分离性能的影响

6.3.5 除水筒对 VTPS 油水分离性能的影响

除水筒的结构关系到整个管道式导流片型分离器的紧凑性,在本书中,对除水筒的直径进行了数值模拟。由于在井下去掉回注管路的直径后留给分离器的空间在 100~130 mm，因此开展了关于这种管道式导流片型油水分离器的外筒直径对油水分离性能的影响。从图 6.39 可以看出，当入口流量为 10.33m³/h，入口含油率为 0.10，除水口分流比为 0.70 时，随着外筒直径的增大，内部的油水分布变化较小，从图 6.39(b) 看出，随着外筒直径增大，增稠度逐渐减小，即外筒直径并不是越大越好，但是变化幅度不大，即除水筒直径对油水分离效果影响较小。因此，从对除水筒的研究可以发现，新型分离器的设计可根据实际井筒空间的大小优先保证内管直径的设计，外筒直接按照实际富裕的空间设计即可。

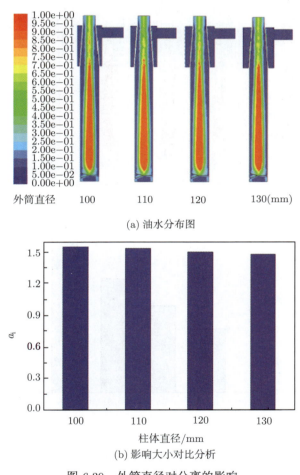

图 6.39 外筒直径对分离的影响

6.3.6 除水孔开设方式对 VTPS 油水分离性能的影响

除水孔的结构开设是否合理影响除水效率，为了研究除水孔的结构对油水在

6.3 管道式导流片型分离器内油水两相流动的数值计算研究

其中分离的影响,除水孔的开设方式有三种,见表 6.5。

管道式导流片型油水分离器结构尺寸示意图如图 6.40 所示。

表 6.5 除水孔开设方式编号

编号	圆孔与壁面圆周相切	圆孔与壁面夹角 30°	圆孔与圆周相切,并与轴向呈 60° 夹角
	a	b	c

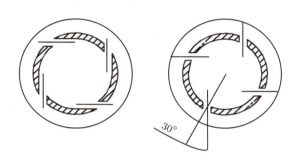

(a) 相切　　　　　　　(b) 与壁面呈30°

图 6.40 管道式导流片型油水分离器结构尺寸示意图

当入口流量为 $10.33 m^3/h$,入口含油率为 0.10,除水口分流比为 0.7,图 6.41 显示了不同的除水孔开设方式对油水分离的影响,可以看出,三种除水孔开设方式均能够分离油水。

从图 6.41(b) 可知,切向开孔后的增稠度最大,也即通过除水孔除水后,a 型

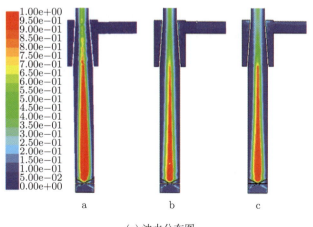

(a) 油水分布图

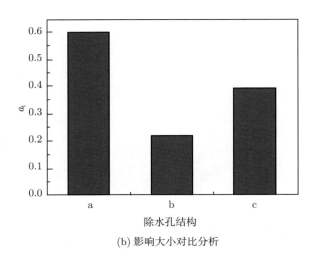

(b) 影响大小对比分析

图 6.41 不同除水孔的开设方式对油水分离的影响

除水孔开设方式除水后出油口的含油率最高，b 型除水孔除水后出油口的含油率最低；也即经过 a 型除水孔后的水口含油率最低，c 型次之，经过 b 型除水孔的水中含油率最高。数值模拟显示切向开孔的效果最好。这一点不难解释，由于油水两相在管道中均呈螺旋前进，为了降低除水口水中含油率，需降低水从壁面上除水孔流出时对中心区域油相的干扰，所以孔应该与壁面相切开设。又因油水两相沿轴线螺旋向前运动，其在锥段螺旋前进的方向是很难确定的，因此，除水孔沿孔所在的管道横截面切向开设即可。

6.3.7 除水口开设方式对 VTPS 油水分离性能的影响

除水口的开设方式是否会影响内部管内的油水分离，本书对切向开设和对称开设的两种情况进行了研究。当入口流量为 10.33m³/h，入口含油率为 0.10，除水口分流比为 0.70，黏度为 0.245Pa·s 时，从图 6.42 看出，在管道式导流片型油水分离器中，油水两相在内管锥段中均沿轴线呈近似对称分布，从矢量场也可以看出，锥段中横截面上的速度矢量成中心对称分布，也即两种除水口开设方式对内部油水两相分离的影响不大。

从两种除水口开设方式的增稠度分析可知，切向开设的除水口结构稍优，而切向开设又可以进一步提高径向结构的紧凑型，这对于径向空间十分有限的井下非常有意义，因此，实际设计井下油水分离器时，可以将除水管与外筒相切开设，相切的方向只要保证与螺旋流动的旋向一致即可。

6.3 管道式导流片型分离器内油水两相流动的数值计算研究

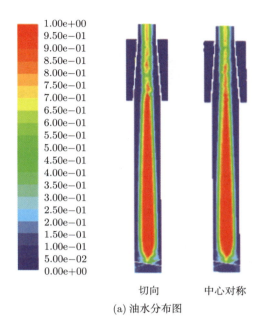

切向　　中心对称

(a) 油水分布图

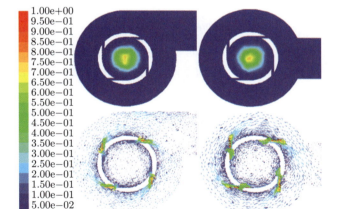

(b) 矢量分布图

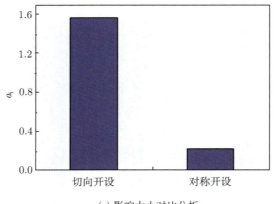

(c) 影响大小对比分析

图 6.42 不同除水口开设方式对油水分离的影响

6.3.8 油相密度对 VTPS 油水分离性能的影响

当入口流量为 $10.33\mathrm{m^3/h}$,入口含油率为 0.10,除水口分流比为 0.70,黏度为 $0.245\mathrm{Pa\cdot s}$ 时,改变油相密度,得到密度变化时管道式导流片型油水分离器中的油水分布图。从图 6.43 可以看出,当密度增大时,除水口的含油率逐渐升高,油相在其中形成的油核含油率逐渐降低。在距离导流片 2.5 管径处的截面含油率分布图可以看出,随着密度的增大,相同含油率的区域面积减小,壁面附近含油率逐渐增大,在密度大于 $980\mathrm{kg/m^3}$ 时,边壁附近的含油率达到 0.1。从图 6.43(c) 可以看

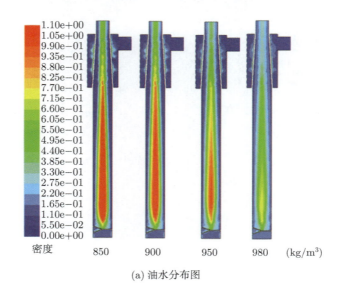

(a) 油水分布图

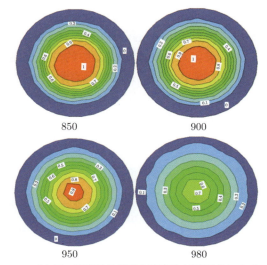

(b) 同一高度处的截面含油率分布图(单位kg/m³)

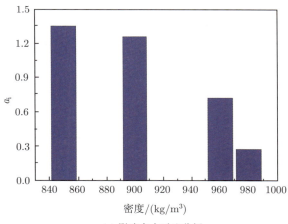

(c) 影响大小对比分析

图 6.43 密度对油水分离的影响

出,当密度从 900kg/m³ 增加到 950kg/m³ 时,边壁附近的水中含油率仍近乎为 0,即仍可以进行有效的油水分离;但当密度增大到 980 kg/m³,边壁附近的水中含油率接近 0.1,此时无论如何也不能保证除水口的水中含油率达标,不能达到回注地层的标准,因此,该分离器的使用范围应该是密度低于 950kg/m³。

6.3.9 油相粒度对 VTPS 油水分离性能的影响

从油滴的受力分析可知,影响油滴的径向沉降因素包含油滴的粒径,为了研究油滴粒径对油水分离的影响，在入口流量为 $10.33\text{m}^3/\text{h}$，入口含油率为 0.10，除水口分流比为 0.7 时，油相密度为 836kg/m^3，黏度为 0.245Pa·s 时，变化油相平均粒径，得到油水两相在管道式导流片型油水分离器中的分布如图 6.44(a) 所示。从图中可以看出，随着平均粒径的减小，油水分离效果逐渐变差，当油滴粒径为 0.05mm 时，上出口含油率几乎与入口含油率相同。从图 6.44(b) 可以看出，随着油滴粒径的减小，增稠度变化幅度较大，即油滴粒径对油水分离的影响较大。从图中还可以看出，当油滴粒径为 0.1mm 时，分离效果较差，因此，应保证入口的油滴平均粒径大于 0.1mm。

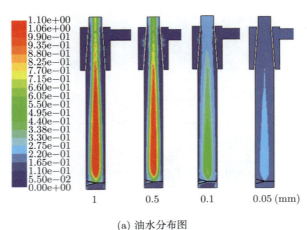

(a) 油水分布图

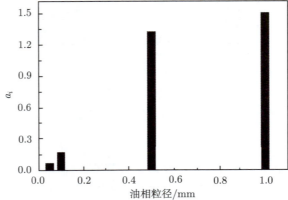

(b) 影响大小对比分析

图 6.44 平均粒径对油水分离的影响

6.3.10 入口流量对 VTPS 油水分离性能的影响

前面对油水旋流分离器的研究发现,传统的锥形旋流器很难满足实际大处理量生产需要。为了研究这种管道式油水旋流分离器能否处理大流量,鉴于室内实验的局限性,开展了数值实验。从图中可以看出,随着入口流量的增大,分离后的水中含油率有所增加,从图 6.45(a) 可以看出,随着入口流量的增大,管中心的油相相含率浓度增大。这一点不难理解,由于入口流量增大,入口流速增大,经过导流片导流后的切向速度增加,旋流强度增大,油滴所受到的向心浮力增大,因此能使得向中心运动的速度加快,所形成的油核受到的耗散效应越小,因此,能够更大限度地使得油核中的油从上出口流出,除水口处流出的油相减小,最终使得除水口中的水中含油率下降。

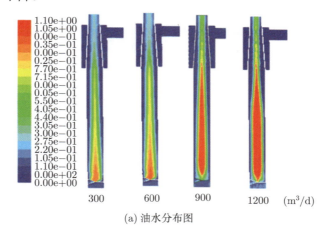

(a) 油水分布图

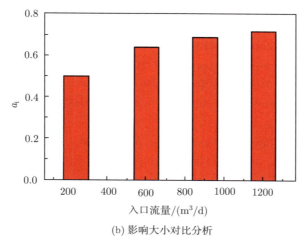

(b) 影响大小对比分析

图 6.45 入口流量对油水分离的影响

从上述数值模拟实验还可以看出，这种入口结构由于增大了入口面积，因此能够使得处理量增大，证明之前的分析是正确的。

参 考 文 献

[1] Zhao L X, Li F, Ma Z Z, Hu Y Q. Theoretical analysis and experimental study of dynamic hydrocyclones. ASME, 2010, 132 (042901): 1–6.

[2] Kelly E, Spotriswood D J. Introduction to Mineral Processing. New York: John Wiley & Sons, 1982.

[3] Hsieh K T, Rajamani K. in the Proc of XVI Int. Miner Process Congress. By E Forssberg, Elsevier Science Publishers B V, Amsterdam, 1988: 377–387.

[4] 徐继润, 罗茜. 水力旋流器流场理论. 北京: 科学出版社, 1988.

[5] Lilge E O. Hydrocyclone fundamentals. Trans. Instn. Min. Metall. 1962, 71: 285–337.

[6] Kelsall D. A study of the motion of solid particles in a hydraulic cyclone. Trans. Instn. Chem. Engrs., 1952, 30: 87–108.

[7] Wolbert D, Ma B, Aurelle Y. Efficiency estimation of liquid-liquid hydrocyclones using trajectories analysis. AIChE Journal, 1995, 41(6): 1395–1402.

[8] Thew M. Hydrocyclone redesign for liquid-liquid separation. The Chemical Engineer, 1986(427), 17–23.

[9] 刘大有. 二相流体动力学. 北京: 高等教育出版社, 1993.

[10] Hoolland-Batt A R. A bulk model for separation in hydrocyclone. Institution of Miningmetallurgy, 1982, 13(3): 21–25.

[11] Gomea C, Caldentey J, Wang S, et al. Oil-water separation in liquid-liquid hydrocyclones (LLHC)-experiment and modeling. SPE, 71538, 2001.

[12] Crowe C T, Sommerfeld M, Tsuji Y. Multiphase Flows with Droplets and Particles. CRC Press, Boca Raton, FL, 1998.

[13] Karabelas A J. Droplet size spectra generated in turbulent pipe flow of dilute liquid-liquid dispersions. AIChE J, 1978, 170–180.

[14] Taylor G I. The formation of emulsions in definable fields of flow. Proc R Soc Lond, London, 1934, A146: 501.

[15] Listewnik J. Some factors influencing the performance of de-oiling hydrocyclones for marine application. In: Proc 2nd International Conference on Hydrocyclone, Bath, England, 1984, 9: 191–204.

[16] Romankov P G, Pljuskin S A. Liquid separator. Zidkostnye separatory. Edit Masinostroenie, Leningrad, in Russian. 1976.

[17] Cox R G. Suspended paraticles in fluid flow through tubes. Annual review of fluid mechanics, vol.3, Annual Review Inc, Palo Alto, 1971.

[18] Meldrum N. Hydrocyclones: A solution to preoduced water treatment. Paper OTC 5594.

[19] Flores J G. Oil-Water Flow in Vertical and Deviated Wells. PhD. Dissertation. The University of Tulsa, 1997.

第7章 管道式分离技术现场中试及应用

7.1 陆丰 13-1 平台现场中试

陆丰油田群位于中国南海区域,主要包括陆丰 13-1(简称 LF13-1)、陆丰 13-2(简称 LF13-2) 以及陆丰 22-1 边际油田 (简称 LF22-1) 等。LF13-1 油田发现于 1987 年年初,位于中国南海东部珠江口盆地,距香港东南方向约 240km,平均水深约为 145m。1990 年 9 月 7 日,LF13-1 油田的总体开发方案得到中国政府批准,由中海石油 (中国) 有限公司深圳分公司 (占 25% 股份) 和日本 JHN 石油作业公司 (新南海石油开发株式会社 Japex New Nanhai Ltd. 占 30%股份、新华南石油开发株式会社 New Hua'nan Oil Development Co., Ltd 占 30%股份、日本矿业珠江口石油开发株式会社 Nmc Pearl River Mouth Oil Development Co., Ltd. 占 15%股份) 合作勘探开发,并于 1993 年 10 月 8 日正式投产。在开发初期,油田产量达到 2862m³/d,至 2006 年 3 月底全部 27 口采油井 (7 口斜井、20 口水平井) 日产原油稳定在 1876 m³/d 左右。LF13-2 油田位于珠江口盆地陆丰 08 区块西端,距香港东南方向约 210km,距 LF13-1 油田西北方向约 12km,所在海域平均水深 132m,是南海东部海域第一个由中海油自营开发的油田,于 2005 年 11 月 29 日正式投产。中海油拥有 100%权益,并自任作业者。目前,该油田共有三口水平井在产,日产原油约为 2900 m³/d,测试产能达到 4800 m³/d,主要利用 LF13-1 平台 (图 7.1(a)) 现有设备和浮式储油卸油轮 (FPSO) 进行生产。LF13-2 油田的主要设施包括一座无人值守平台、12km 长海底管线、海底电缆以及安装在 LF13-1 平台上的生产处理设施。LF13-2 油田生产的原油经海底管线输送到 LF13-1 平台进行处理、计量,然后经海底管线 (内径 152.4mm,长度 1.65km) 输送到 LF13-1"南海盛开"号浮式储油卸油轮 (图 7.1(b)) 进行外输。

目前,除了 LF13-1 区块的采出液外,LF13-1 平台上的油气水分离系统和污水处理系统还负责处理 LF13-2 油田的来液,图 7.2 给出了平台现有处理系统示意图。

为响应国家对节能减排的要求和海洋石油总公司对节能减排的部署,陆丰 13-1 平台管理部决定对该平台处理设施进行改造,从而达到一方面减少化学药剂的使用量,另一方面降低排海污水的含油指标。中国科学院力学研究所和中海石油研究中心有关人员到达陆丰 13-1 平台,经过现场察看并结合平台生产监督提供的数

7.1　陆丰 13-1 平台现场中试

据,仔细研究分析陆丰平台的实际问题,并同平台有关负责人共同探讨后,初步确定了如下改造方案:考虑到原一级分离器的处理能力已基本达到极限,想通过改造原分离器达到加大处理量的做法几乎不可能实现。即使通过改造能有局部的优化和改进,但难以从根本上解决问题。因此,我们放弃了改造原分离器、扩大处理量的想法,而采用减少进入一级分离器处理量的方法。

(a) 陆丰13-1平台　　　　　　(b) "海南盛开"号浮式储油卸油轮

图 7.1　陆丰 13-1 平台和"南海盛开"号浮式储油卸油轮

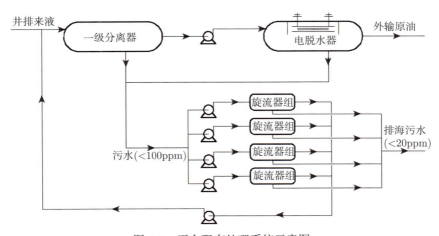

图 7.2　平台现有处理系统示意图

但如何既能满足产液量的要求,又能减少进入一级分离器的处理量,使其不超过目前正常运行的负荷,还能使不进入一级分离器的液体达到一级分离器分离后出水口的含油指标？这是需要认真研究并设法解决的重大问题。

7.1.1 分离系统设计

实验采用 PS 白油为油相介质，自来水为水相介质，进口的水中含油在 1%～10%。实验考察了在 T 型管前加旋流管、在 T 型管后加旋流管、在 T 型管前后都加旋流管等情况。结果表明：较大的离心力可以有效地促使水包油的相间滑移，提高最终的分离效果；在 T 型管前后都加旋流管的效果更好，可以达到水中含油小于 100ppm 的预期指标。为了试验在平台上的使用效果，我们用不锈钢材料设计制作了旋流管配合 T 型管到 LF13-1 平台进行现场试验。试验包括原一级分离器前的分流试验和旋流器后的水中含油率减排试验。根据目前研究结果，我们提出 LF13-1 平台油水处理系统改造方案为：在原一级分离器前增加旋流管与 T 型管的组合分离系统实现分流处理量、减少化学药剂注入量的目标，在原旋流器后分离器前增加旋流管与 T 型管的组合分离系统实现降低排海污水的含油指标。示意图如图 7.3 所示。

7.1.2 平台现场试验

基于上述的研究成果，设计和加工了管式污水处理系统，图 7.4 为现场试验装置照片。图 7.5 给出了几组典型工况下的实验数据。可以看出，在现场条件下，经过管式污水处理系统后，排海污水中的含油率低于平台方面提出的小于 16ppm 的要求。这些成果为下一步的水下分离器设计及制造提供了理论依据，并打下了坚实的基础。

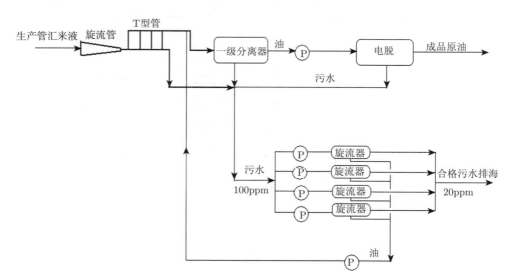

7.1　陆丰 13-1 平台现场中试

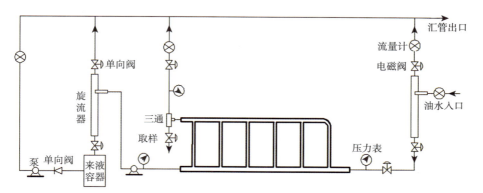

图 7.3　陆丰 13-1 平台油气水分离系统示意图

图 7.4　安装在平台上的多分岔管路及其入口段

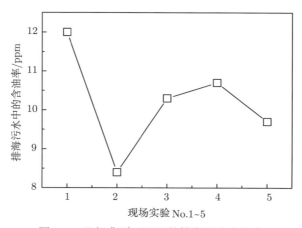

图 7.5　几组典型工况下的排海污水含油率

7.2 渤西终端管道式油气水三相分离器工业设计及应用

7.2.1 总体设计方案

根据渤西处理厂的实际工况，为了能使目前分离器实现油水分离并保证水出口含油率小于 1000ppm，考虑增加油水乳状液在分离器内的停留时间，而增加油水乳状液在分离器内停留时间的直接方法就是增加分离器内油水分离腔室的空间，提出基本设计思路如下：① 增加气液旋流分离器：主要目的是采用锥形旋流原理设计气液分离装置，利用气液混合来流的速度自动分离管道中的气体和液体[1]，特点是结构紧凑、性能稳定，分离后气体直接进入原分离器气体管路系统；② 增加 T 型管路：主要目的是实现油水动态分离，减少重力沉降时间，基本原理是利用流动过程重力沉降增加油水分离效果；③ 增加管道旋流技术：目的一，是实现油水低速下的 "扩容"，减少油水在分离室内的停留时间；目的二，运用高速旋流原理，实现污水的处理效率，提高排放污水的油含率，加快水相的处理量。

1. 基本设计参数

系统总体设计参数：

气体处理量：17000~20000Sm^3/d；

液体处理量：3700m^3/d；

气体出口指标：气出口含液量不大于 50mg/m^3；

污水出口指标：≤1000ppm；

原油物性：有效黏度 ≤20mPa·s；

操作温度：50~60 ℃；

操作压力：600~850 kPa。

2. 总体流程设计

生产液首先进入气液分离模块，其主要功能是进行气液高效率分离，分离后的气体进入气体系统，分离后油水进入油水分离器系统中进行油水分离，分离后的水进入污水处理系统，分离后的油水混合物进入管线外输；系统包括三个部分：

(1) 气液锥形分离装置及相关模块 (相应的仪表、配管、控制系统等)；

(2) T 型管分离系统，主要对油水进行预分离以及污水的精细处理。此外还包括增加内部构件、配管、仪表、容器改造等；

(3) 罐体主体，主要对油水进行重力沉降分离。此外，还包括相应的火气探测、喷淋等系统，以及化学药剂注入系统等。

7.2 渤西终端管道式油气水三相分离器工业设计及应用

3. 总体控制方案

来流为油气水三相，液相流量为 3700m³/d，气相为 17000~20000Sm³/d，首先经过气液分离装置进行脱气，气液分离器采用界面控制，通过自动阀门装置将气液界面维持在高度 2m。

脱气后的油水进入 T 型管装置。经 T 型管分离后，下管进入罐体的一级隔箱(水室)，上管进入旋流管进行分离。用测定进入 T 型管装置前的总流量和 T 型管下管的流量，通过阀门进行调解，使 T 型管下管流量为总流量的 50%。

T 型管上管的液体进入一级旋流管，分离后旋流管下管流量占旋流管入口总流量的 50%，后进入第二级隔箱(混合室)，旋油管上溢口的高含油液体进入第三级隔箱(油室)进行沉降。

第一、二、三隔箱的底口汇集到汇管，每个分管均单独由阀门控制，如果分管里的液体不符合排放标准，则需要经过第二级旋流管进行精细分离，旋流管底口接外排管外排，溢口回到第二级隔箱进行沉降分离，分流比视现场情况定(初始设计为 30%的回流量)。如果液体达到排放标准，不经过第二级旋流管的再次分离直接外排。

第一级、第二级和第三级隔箱中间在一定位置开设溢油孔，油由此进入第三级隔箱，第三箱里填入亲油填料。

一级隔箱液位变送器，高于 1750 打开底部排水阀门，低于 1300 关闭；二级隔箱油水界面变送器，高于 1500 打开底部排水阀门，低于 1100 关闭；三级隔箱液位变送器，高于 1600 打开底部排水阀门，低于 800 关闭。

整个系统示意图如图 7.6 所示。

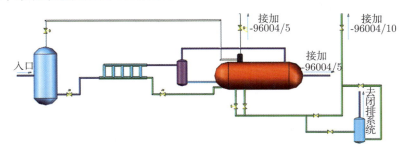

图 7.6 整个系统示意图

7.2.2 现场试验

实验流程：

(1) 来流为油气水三相，液相流量为 3700m³/d，气相为 17000~20000Sm³/d，首先经过气液分离装置进行脱气，气液分离器采用界面控制，通过自动阀门装置将气液界面维持在高度 2m。

(2) 脱气后的油水进入 T 型管装置。经 T 型管分离后，下管进入罐体的一级隔箱 (水室)，上管进入旋流管进行分离。

(3) T 型管上管的液体进入一级旋流管，分离后旋流管下管进入第二级隔箱 (混合室)，旋油管上溢口的高含油液体进入第三级隔箱 (油室) 进行沉降。

(4) 第一、二、三隔箱的底口汇集到汇管，每个分管均单独由阀门控制，如果分管里的液体不符合排放标准，则需要经过第二级旋流管进行精细分离，旋流管底口接外排管外排，溢口回到第二级隔箱进行沉降分离，分流比视现场情况定。如果液体达到排放标准，不经过第二级旋流管的再次分离直接外排。

(5) 第一级、第二级和第三级隔箱中间在一定位置开设溢油孔，油由此进入第三级隔箱，第三箱里填入亲油填料。

(6) 一级隔箱液位变送器，高于 1750 打开底部排水阀门，低于 1300 关闭；二级隔箱油水界面变送器，高于 1500 打开底部排水阀门，低于 1100 关闭；三级隔箱液位变送器，高于 1600 打开底部排水阀门，低于 800 关闭。

整个系统示意图如图 7.7 所示。现场系统主要部件照片如图 7.8 所示。

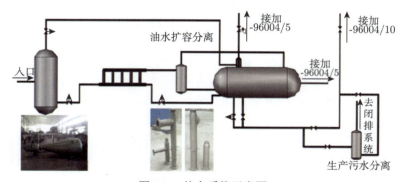

图 7.7 整个系统示意图

(a) 罐体

(b) 气液旋分照片

(c) 旋流管道照片

(d)T型流管道

图 7.8　现场系统主要部件照片

7.2.3　现场试验结果

本次实验共取数据如下：

取样 1：

(1) 分离器进口温度：65℃

(2) 分离器进口压力：0.68MPa

(3) 分离器进口流量：30m³/h

(4) 分离器进口含水：28%

(5) 分离器出口油中含水：2.8%

(6) 分离器出口水中含油：26.4ppm

取样 2：

(1) 分离器进口温度：67℃

(2) 分离器进口压力：0.68MPa
(3) 分离器进口流量：50m³/h
(4) 分离器进口含水：28%
(5) 分离器出口油中含水：3.2%
(6) 分离器出口水中含油：99ppm

7.3 流花 11-1 油田管道式动态气浮选系统

7.3.1 试验方案设计

气浮选用于含油污水处理的基本原理是在含油污水中通入大量微小气泡，并将其作为载体与污水中的油珠和悬浮絮粒相互黏附，形成整体密度小于水的浮体上浮至水面，使污水中的油珠和悬浮状的物质与污水分离，达到净化污水的目的[2]。实现气浮分离必须具备三个基本条件：一是必须在水中产生足够数量的微小气泡；二是必须使待分离的颗粒形成不溶性固态或液态悬浮体；三是必须使气泡能够与颗粒相黏附。根据管道式分离技术的研究成果，将纳米气泡发生器放置在 T 型管的下端，利用来液动态分离的机理，使生成的纳米气泡与流动的液体相结合，再通过 T 型管进行动态分离，这样不仅能供增强混合效果，也比传统的气浮技术缩短了分离时间。因此，我们结合 T 型管油气水动态分层分离技术、旋流管强离心油气水分离技术以及气浮技术等，提出优化组合设计方案，提出适合流花实际情况的体积小、质量轻、分离效率高、便于操作和维护的分离器设计方案。并在 FPSO 上先进行缩尺度的样机性能试验，然后对样机进行改进。图 7.9 给出了污水处理系统改造示意图，该套试验方案主要是依据陆丰 13-1 的实验结果设计的。此外，在该套系统中添加了气浮技术，即在 T 型管的底部应用了动态气浮技术，用氮气作为气源，用几十个尺度的纳米膜作为纳米气泡的生成，希望应用此技术将管道中的微小油滴带出，进入 T 型管的上出口，从而起到净化污水的作用。

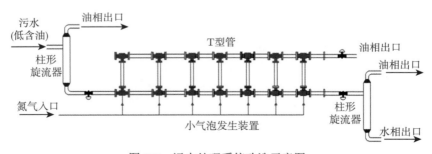

图 7.9 污水处理系统改造示意图

7.3 流花 11-1 油田管道式动态气浮选系统

实验时，来液增压到 7 个压力后，首先进入柱形旋流器对油水相分离，"富裕"的油相从上溢口排除，水相进入 T 型管进行再一次分离。整个系统，入口流量在 600m³/天，经过 1 级旋流后，10%左右的液体从上出口排出，90%的液体从 1 级旋流的下出口流走，进入 T 型分离系统。在 T 型管系统中，通过 6 个改造的四通装置进行加气，进一步除去微小的油滴，然后气体和小部分液体经 T 型管上出口排除。T 型管系统的下管道，流量约为 85%的来液流量，该部分进入 2 级旋流器。2 级旋流中的小部分液体将由上出口排出，剩余的约为来液 80%的流量达标排海。整个系统的压力要求维持在 2kg 以上，高过 100℃时的饱和蒸气压，以防止系统内的汽化。

7.3.2 实验结果

1. T 型管 + 动态气浮选

如图 7.10 所示，来液引自泵出口，即进入现有旋流器之前，含油 200~380 ppm，压力在 5~6 kg(个大气压)。入口最大流量为 22~25 m³/h，分流比为 1∶4。切入一级旋流管内的外围加速度约为 300g，现有的旋流器的加速度约为 800g(按使用 150 根计算)。在试验过程中首先试验了不加氮气的流程，试验结果通过肉眼观测约降低来液含油的 1/2 左右，即从约 300ppm 降到 200ppm 左右。随后，我们进行了添加氮气的气浮试验。气浮试验中，因条件限制没有气体流量计来测量来液的含气率，所以只能用小气量来添加气体。其中，由于现场条件限制，这部分试验中没有添加任何发泡剂和消泡剂。来液在含油 300ppm 左右下，通过该系统降到 76ppm。同时，相同的来液下我们也测量了现有旋流器的出口情况，为 32ppm。

图 7.10 系统示意图及照片

实验过程中，关闭两个旋流管的上出口（即旋流管不起作用），分三次取样，每次取样前将 T 型管设备连入生产系统在线运转，T 型管水进口为 H-1220-2 水端进口两寸备用的法兰，梯型管水出口连到闭排系统 2 寸管线上，油出口直接通过一寸的软管排放到开排系统。实验过程中导入了氮气进行气浮选。根据实验器材的运行状况以及现场实验的过程分析，T 型管进口流量为 10ST/h、15ST/h 时，实验结果的可靠性相对要好些 (表 7.1)。

表 7.1　低含油来液试验结果

进口流量/(ST/h)	进口压力/bar	T 型管出口流量/(ST/h)	T 型管水进口 OIW/ppm	T 型管水出口 OIW/ppm
15	3.5	14	35	30
	3.5	13.8	34	29
	3.5	13	34	33.5
10	3.5	8.6	28	19.5
	3.5	9	30	21
	3.5	9.3	30	16
5	4.5	4.7	27	16
	4.5	4.8	27	15
	4.5	4.9	26	16

2. T 型管 + 动态气浮选 + 柱形旋流器

结合第一次实验的结果，这次试验将一级旋流器改为 DN50，从而提高其旋流管内的离心加速度，此外增加了发泡剂，使纳米气泡更加稳定 (图 7.11)。此次试验分为三个部分：① 将系统安装在进入现有的离心分离器前 (同上次试验流程)，来液的含油约为 300ppm；② 将系统安装在现有的离心分离器后 (同上次只经过 T 型管的流程)，来液的含油约为几十个 ppm；③ 静态试验观察气浮选效果。每个方案实验的次数为 5 次，分不同的入口流量进行测量。

来液经过增压泵后，增压到 8 个压力 (大气压)。然后与发泡剂进行混合，混合液首先进入柱形旋流器对油水相分离，"富裕"的油相从上溢口排除，水相进入 T 型管进行再一次分离。整个系统，入口流量在 600m³/天，经过 1 级旋流后，10% 左右的液体从上出口排出，90% 的液体从 1 级旋流的下出口流走，进入 T 型分离系统。在 T 型管系统中，通过 6 个改造的四通装置进行加气，进一步除去微小的油滴，然后气体和小部分液体经 T 型管上出口排除。T 型管系统的下管道，流量约为 85% 的来液流量，该部分进入 2 级旋流器。2 级旋流中的小部分液体将由上出口排出，剩余的约为来液 80% 的流量达标排海。整个系统的压力要求维持在 2kg 以上，高过 100℃ 时的饱和蒸气压，以防止系统内的汽化。第二个试验方案同 (1)，不同的是接入点发生了变化。方案 (2) 的接入点为现有离心分离器的后端，来液的含油约

7.3 流花 11-1 油田管道式动态气浮选系统

为几十个 ppm。

图 7.11 第二次现场试验图片

通过上述的实验设备,我们在"胜利号"进行了两次现场实验,图 7.12 给出了实验结果 (现场测试员提供)。其中序号 1 为安装系统后 10min,流动非稳定时测试的。当系统连续运行 4h 后,连续测试了分离效果 (序号 2-7),最好的分离能达到 12ppm。通过该结果可以看出,该系统已经达到了国际先进水平。

现场试验结果

来液出口(350ppm)　　现旋分器出口(69ppm)　　T-TUBE出口(61ppm)

T型管试验数据

序号	进口数据	水出口数据	气出口数据	油出口数据	接近进口的出口的数据	Hydrocyclone 出口数据	来液	备注
1	34	28					水力旋器进口	
2	38	14						
3		12	55	12	564			
4	215	37					分离器出口	加旋气
5		82						
6		145						未加旋气
7		61				69		

图 7.12 第二次现场试验结果

7.4　绥中 36-1 油气处理厂含聚污水处理系统

7.4.1　试验方案设计

聚合物大量注入地层，不可避免地要随流体产出。相比常规开采油田产出液，聚驱油田采出液成分更为复杂，油水分离及污水处理难度陡增。其主要体现在：

(1) 原油脱水难度加大，导致破乳剂用量显著增加；原油系统各设备也因为聚合物的附着或沉积，进一步降低了各设备的处理能力及脱水效果，造成处理流程非常脆弱，脱水后原油含水率和污水含油均大幅度提高。

(2) 污水处理流程问题突出，达标处理困难。油田污水含聚后，污水处理流程存在三个突出问题：① 处理后的污水含油高、固体悬浮物含量高，超过注水水质控制标准；② 随着污水中聚合物浓度的增加，破乳剂、絮凝剂等处理药剂用量也随之增加，污水处理成本升高；③ 处理药剂与产出聚合物作用，产生大量的污油泥，导致污水处理设备的核心构件极易被污油泥覆盖，滤网被堵塞，水处理设备的效能大幅度降低。

根据含聚污水的特殊情况，研究中结合研发的高效管道式分离装置，复合旋流气浮系统的精细分离能力对含聚污水处理进行了系统的工艺研究。同时，改进各部件的处理性能，充分解决含聚污水处理中遇到的问题，使含聚污水处理达到高效、占用空间小、排水达标等基本指标。

研究成果中，提出以导流片型管道式分离器、溶气泵气浮系统和微米孔板气浮系统组成的含聚污水高效处理系统，并进行工艺设计和加工，最终在现场进行中试实验。

图 7.13 给出了含聚污水处理系统的流程示意图，分别由一级溶气泵气浮装置和二级微米孔板气浮装置构成，并在一级溶气泵气浮装置中安装有导流片型管道式高效分离装置。具体工作流程为：来液首先进入一级气浮装置，经过导流片型管道式分离器进行初步处理，高含油部分由分离器的出油口流出，剩余含聚污水进入一级气浮罐体，并在罐体内形成旋流场；在一级气浮罐内，采用溶气泵形成微气泡，对污水进行处理，浮油经罐体上部出油口流出，剩余含聚污水由罐体下部出水口流出，进入二级微米孔板气浮系统；二级微米孔板中，采用微孔板形成气泡，对污水进行进一步精细处理，最终，浮油由罐体上出口流出，达标水相由罐体下部出水口流出，实现含聚污水的处理。

图 7.14 给出了第一级溶气泵气浮装置的撬装照片，阀门均采用电动控制。

7.4 绥中 36-1 油气处理厂含聚污水处理系统

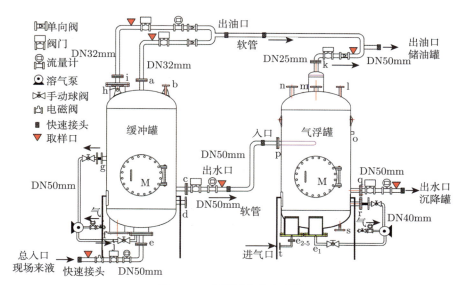

图 7.13 含聚污水处理系统

图 7.14 溶气泵气浮装置

图 7.15 给出了第二级微米孔板气浮装置的撬装结构照片,其相关的控制系统均按照在溶气泵气浮装置的撬装上,进行统一布局。

图 7.15　微米孔板气浮装置

7.4.2　现场试验

如图 7.16 所示，含聚污水处理系统，安装在绥中 36-1 油气处理厂，同目前使用设备并联，含聚污水由泵引入污水处理装置，经过处理后，富含油相进入储油罐，处理的污水进入原油循环系统。图 7.17 给出了循环实验中采用的泵系统，在泵出液口安装有管道式反应装置，用于所加药剂的反应。图 7.18 为污水处理的加药装置。图 7.19 为现场安装完成后的含聚污水处理系统。

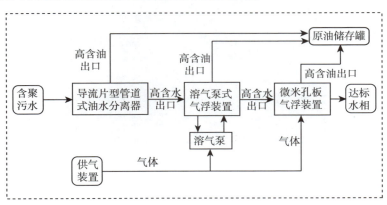

图 7.16　含聚污水处理系统安装示意图

7.4 绥中 36-1 油气处理厂含聚污水处理系统

图 7.17　来液泵系统

图 7.18　加药装置

图 7.19 含聚污水处理系统现场

7.4.3 实验结果

针对不同循环结构,分别进行 7 组实验数据的记录,实验数据如表 7.2 中所示,相应的各个工况取样结果依次如图 7.20 所示。并针对工况七的实验条件,对取样进行化验,测量其对应的含油率等信息,第三方检测结果如图 7.21 所示,可以看出,经处理后,水中含油可以降至 22.47ppm。

表 7.2 含聚污水处理实验数据记录

地点:绥中 36-1 油气处理厂 时间:2013.11.07

工况	总入口	流量/(m³/h)			溶气泵进气量 /(L/min)	备注
		旋流器出油口	一级气浮罐出水口	二级罐体出水口		
工况一	16.14	4.72	11.51	11.97	0	未加药
工况二	20.13	5.34	14.6	14.02	0	未加药
工况三	20.24	5.32	14.65	13.96	0	加药 200ppm
工况四	20.62	5.55	15.07	14.55	9.51	加药 200ppm
工况五	20.61	4.73	16.31	—	9.51	加药 50ppm
工况六	19.66	5.03	14.4	10.13	6.97	加药 50ppm
工况七	14.49	3.28	11.31	11.14	6.21	加药 40ppm

7.4 绥中 36-1 油气处理厂含聚污水处理系统

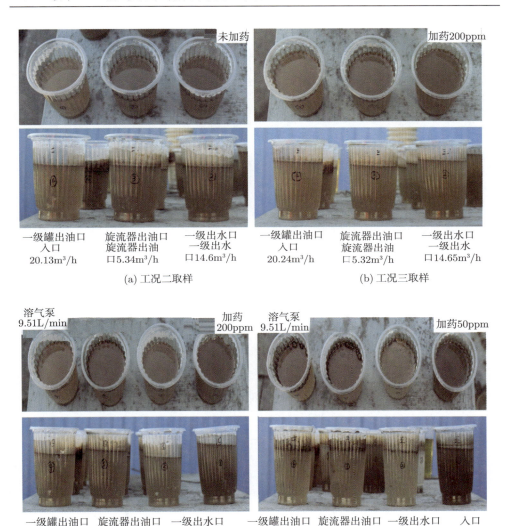

·210· 第 7 章 管道式分离技术现场中试及应用

(e) 工况六取样　　　　　　　　　　(f) 工况七取样

图 7.20　各工况取样

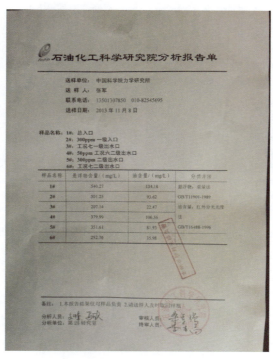

图 7.21　现场实验取样第三方化验结果

7.5 辽河油田冷 13 站低温脱水系统

7.5.1 试验目的及指标要求

通过简易脱水试验装置，如图 7.22 所示录取不同状态下运行参数及停炉冷脱效果，为下步改造提供依据，以期实现原油直销、节能减排及消除安全隐患目的。指标要求：脱水温度 ≤35℃；原油含水 ≤2%；污水含油 ≤1000ppm；低温脱水试验工艺脱水工艺采取物理＋化学的复合方式，即旋流器＋低温破乳剂[3]，该工艺的应用在辽河油田尚属首次。

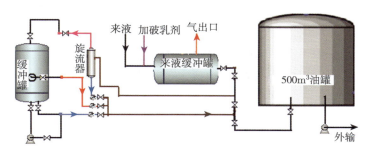

图 7.22 冷 13 站低温脱水工艺流程示意图

7.5.2 主要设备及功能

1. 缓冲罐

井上来液加破乳剂后进罐，进行气液分离，分出后气体进系统，液体全部进旋流器 (图 7.23 为加药入口)。

图 7.23 加药入口

2. 旋流器

利用离心力将破乳剂充分搅拌及油水初步分离，上口分出的合格油自压入 500m^3 油罐，下口液量全部进脱水缓冲罐 (图 7.24 为旋流器)。

图 7.24　旋流器

3. 脱水缓冲罐

依靠重力沉降脱水，合格油从顶部溢出后自压进 500m^3 油罐，合格水从底部自压入 500m^3 油罐 (图 7.25 为溢油管线)。

图 7.25　溢油管线

4. 浮漂连杆机构及过油阀

安装在油气缓冲罐出口，可起到保证油气界面、出液量及油水比稳定 (图 7.26 为过油阀)。

图 7.26　过油阀

5. 定压阀

安装在缓冲罐溢油管线与排水管线接口处，定压 0.25Pa，向 500m³ 油罐排达标油 (图 7.27 为定压阀)。

图 7.27　定压阀

6. 油水界面仪

安装油水沉降缓冲罐顶部，便于控制脱水罐水位 (图 7.28 为油水界面仪)。

图 7.28 油水界面仪

7.5.3 试验步骤

(1) 温度因素对脱水指标的影响。

加温状态下 (来液温度 >48℃)，无论是加何种破乳剂，脱水沉降罐原油出口含水率基本是零，最高不超过 2%。这说明试验中新增的脱水功能 (前端加药 + 旋流器 + 脱水罐的组合工艺) 可以达到原油直销的含水指标。

停炉不加温状态下，沉降罐出口的脱水指标主要取决于破乳剂类型和来油的极限温度，旋流器出口的脱水指标主要取决于流量比。

当温度降至 ≤48℃时，原破乳剂不能满足原油含水率 ≤2%指标要求，而新型破乳剂可以满足；当温度降至 ≤34℃时，新型破乳剂的脱水指标偶尔出现不稳定状态，但大多数情况下原油含水率仍保持在 0~2%，平均含水率小于 1%。

(2) 油水界面因素对脱水指标的影响。

沉降缓冲罐的油水界面在 200~2200mm 范围内对油水指标均无太大影响，尤其是污水含油基本是处于 0%的稳定状态。这说明罐体内的沉降时间已经足够，手动排水也容易控制。

(3) 旋流器上下出口流量比因素对脱水指标的影响。

当来液温度 >48℃且加入足量破乳剂的状态下，旋流器上下口流量比控制在 8.5:1.5 以上时，旋流器下口水质可达标；流量比 4:6 以下时，旋流器上出口油质可达标；任何流量比基本上不对沉降罐的脱水指标产生影响。

当来液温度 <48℃且破乳剂加量不足，或来液温度 <34℃且新型破乳剂加量不足时，同流量比下，旋流器上下出口油、水指标明显变差，此时沉降罐的油水指标仍然合格 (见相关曲线图)。

(4) 加药量对脱水指标的影响：试验过程中加药量控制不稳，加入量在 20~80mg/L，平均 50mg/L，脱水指标合格。

7.5.4 试验效果

(1) 现场试验：进行了三种状态下的脱水试验，在来液温度 >48℃且加原破乳剂状态下，脱水缓冲罐出口原油含水率 <2%，污水含油率为 0%，可满足原油直销指标要求；加入新型破乳剂 50mg/L 后，脱水温度可降到 32℃。停炉后，脱水油平均含水率 0.42%，污水含油 1.5ppm。

(2) 试验工艺简单、实用、低成本，已实现站内停炉冷脱目标；试验运行便于控制，现场操作时只需控制脱水罐一个压水阀门即可；试验资料较为完整，可为冷 13 站下步整体改造的方案设计提供借鉴。

参 考 文 献

[1] Rietema K, Maatschappij S I R. Performance and design of hydrocyclones——I: General considerations. Chemical Engineering Science, 1961, 15(3–4): 298–302.

[2] Liu S, Wang Q, Ma H, et al. Effect of micro-bubbles on coagulation flotation process of dyeing wastewater. Separation and Purification Technology, 2010, 71(3): 337–346.

[3] 魏立新，王锦秀，侯进才，等. 原油低温破乳剂的研究与应用综述. 内蒙古石油化工, 2009(23): 5–8.

索　　引

A

阿伏伽德罗常量 24

B

毕奥–萨伐尔公式 30
玻尔兹曼常量 23

C

长锥形旋流分离器 80
除水口 181

D

达朗贝尔加速度 23
大涡模拟 78
代数应力模型 78
导流片 138
电脱分离 8
对称入口 128

F

分层流型 67
分散油 2
浮油 2
分流比 124
分相流模型 45
复合式分离器 10

G

管式污水处理系统 194
惯性离心力 81

H

滑移–剪切升力 84
混合模型 111

J

激光多普勒测速 77
介质阻力 81

井下油水分离 17

K

扩散系数 23

L

兰金涡 30
离心分离 27
流量配比 56
螺旋器 34
流体体积模型 111
流型 67

O

欧拉–拉格朗日模型 110
欧拉模型 112
欧拉–欧拉模型 110

Q

气体常数 24
浅池理论 4

R

溶解油 3
乳化油 2

S

射流器 6
视质量力 84
受迫涡 30
水力旋流器 6
斯托克斯 (Stokes) 定律 22
斯托克斯–爱因斯坦 (Stokes-Einstein)
　公式 24
斯托克斯 (Stokes) 阻力 24
速度环量 28

索 引

T

T 型分叉管路 55

W

涡管强度 30
涡量 27
涡线 28
无旋运动 27

X

现场中试 191
向心浮力 81

Y

有旋运动 27

Z

重力式分离器 3